JN158107

岩波科学ライブラリー 266

日本の地下で何が起きているのか

鎌田浩毅

岩波書店

はじめに

二〇一一年三月に発生した東日本大震災は、日本に大きな傷跡をもたらした。その後、人々の懸命な努力によって復旧から復興に向けて多くの地域が蘇(よみがえ)ってきた。その一方で、地球科学を専門とする私の目からは、未曽有(みぞう)の災害をもたらした東日本大震災は「まだ終わっていない」のである。

というのは、終わるどころか、巨大地震は、日本の地下に想定外の変動を今でも残しているからだ。我々が「地殻変動」と呼んでいる地盤に対する大きな歪(ひず)みが、東日本大震災の直後から、日本各地で地震や噴火を引き起こしてきた。たとえば、熊本地震や御嶽山(おんたけさん)噴火など、専門家でなくとも記憶に残っている災害が数多くある。

私が大学の外に出て一般市民や中高生に向けて講演会や出前授業を行うと、必ず出る質問がある。「最近、地震が多いのですが、私の住む〇〇町は大丈夫でしょうか?」

各地で地震や噴火が相次いでいるのは事実で、震度5強の地震も珍しくない。東日本大震災の前に比べると、何倍も発生が増えたことも観測されており、多くの人が「これから日本列島はどうなるのだろう」と不安を抱くようになった。

昨今、テレビや新聞などマスコミを通じて、近い将来に「首都直下地震」や「南海トラフ巨大地震」の発生は避けられない、と伝えられるが、本当はどうなのだろうか？　何度も言われると「オオカミ少年」状態になり、日々の暮らしと関係のない情報になってしまってはいないだろうか。日本の地下がどうなっているかは、誰しも気になるところだが、今ひとつピンとこないのが実情だろう。

私は地球科学、とりわけ火山について、四〇年近く研究を続けてきた。その中で、いくつかの出来事が私の研究者人生を大きく変化させた。一九九五年、六四〇〇人以上の犠牲者を出した阪神・淡路大震災の直後に、活断層の現地調査に出かけたときのことである。

被災された住民の方々から思わぬ言葉を耳にした。「関西には大地震が来ないと思っていたのに……。」実は、その三〇年ほど前から我々専門家は、近畿地方にも大地震が来ることを新聞・雑誌・公開講座で伝えてきたはずだった。

神戸こそ活断層に囲まれており、いつ直下型地震が来てもおかしくない場所だった。六甲山地を背後に控えた阪神地域は「近畿トライアングル」と呼ばれる日本有数の活断層地域であると、地質学者は繰り返し説いてきた。

ところが、現実はこの言葉に表れているように、市民にはまったくといって良いほど伝わっていなかった。このことが調査中の私には非常にショックだった。「伝える」と「伝わる」には天地ほどの開きがあることを、思い知らされたからだ。いま風に言えば、コミュニケーション・ギャップもしくはアウトリーチ（啓発・教育活動）問題である。

その二年後の一九九七年に通産省(現・経済産業省)の研究所から京都大学に移籍して、私の仕事に教育と啓発が加わった。さらに三年後の二〇〇〇年、北海道の有珠山と伊豆諸島の三宅島の二つの噴火に遭遇して、同様の「伝える」問題を経験した。

火山学者の立場から噴火翌日に全国ネットのテレビ番組で解説したのだが、「伝わるべき人には伝わっていなかった」のだ。こんなエピソードがある。

解説を視聴した先輩火山学者が「鎌田君、上手に説明できたじゃないか」と電話してきたのに対して、教え子の京大一回生は「先生、何を言いたいのかわかりませんでした」と言ってきた。専門家側の「伝えられていない」問題が如実に表れていたのである。

こうした出来事は、象牙の塔に閉じこもって研究を続けてよいのだろうかという疑問を私に抱かせた。もちろん日本の地球科学者は、誠心誠意、日夜にわたり研究と観測を続けている。ところが、その成果が市民にちゃんと伝わっていない。問題は、専門家サイドが「伝える技術」を持たずに説明しても、肝心のことが市民に伝達されていない点にある。ここから私の「科学コミュニケーション」研究が始まった。

実は、阪神・淡路大震災で焼け出された住民の方から差し出されたおにぎりが、今でも忘れられない。「ご苦労さま。頑張って調査してね。研究してね。」一番苦しい中にある人が、何とねぎらって下さるのだ。

研究者に信頼を失っていないことをひしひしと感じた私の目から涙がこぼれた。いったい専門家が危険性を伝えた気になっていたのは、自己満足でしかなかったのだろうか。あるいは、伝える技術が未熟すぎたからだろうか。

私は科学研究をしているだけでは不十分で、きちんと社会に伝わらなければ意味がないと確信した。科学を伝えるコミュニケーション学が始動し、「科学の伝道師」が誕生した。伝道師とは、街で辻説法して人々に伝える職業だ。

私は大学の講義でもパワーポイントを使うのを一切やめ、話術と黒板だけで教育を始めた。師と仰ぐ寺田寅彦教授が大正昭和期に行っていた方法でもある（最終章に登場してもらう）。そして阪神・淡路大震災の一六年後に、東日本大震災が発生した。

いわゆる海溝型地震に伴って発生した巨大津波によって、二万人近い犠牲者が出た。「関西に地震は来ない」と信じていた無防備な人々を襲う状況が、東日本でも起きてしまったのだ。日本列島に住むかぎり、否応なしに大地の動きに翻弄されざるを得ない。

特に、首都直下地震をはじめとする都市直下型地震の危惧は、いささかも減っていない。危機的な状況を、何とか科学者の側から変えなければならない。大地の営みを変えることはできないが、地球科学の知識を活用すればただ翻弄されるだけではないはずだ。

東日本大震災から三カ月過ぎたころ、岩波書店から『火山と地震の国に暮らす』を上梓した。雑誌「科学」に連載した原稿などを単行本にまとめたものだが、その準備の最中の二〇一一年一月に霧島火山の新燃岳が噴火し、三月に東日本大震災が発生した。私は急遽、二つの大災害を解説する原稿を加筆し、タイトルも変更した。幸い読者に受け入れていただき版を重ねたが、それ以後に日本列島の研究は大いに進んだ。

結論から言うと、日本の地盤は一〇〇〇年ぶりの「大地変動の時代」に入ってしまい、これから地震や噴火の地殻変動は数十年というスパンで続くのである。つまり、東日本大震災が引き金となって不安定となった地盤が、その後に起きた数々の災害原因になっていることが、地球科学者共通の認識にある。一方、巷では夥しい量の玉石混淆ともいえる情報が飛び交い、市民に将来への不安が広がっているのも事実だ。

実は、研究を市民に伝えるアウトリーチの場面では、専門家に必ずといってよいほど生じる「心の葛藤」がある。たとえば、同僚専門家たちの目が気になり、「後ろ指をさされない」ように説明する気持ちが働く。こうして自分たちのコミュニティーを向いた「守りの姿勢」で語る結果、市民にはさっぱり腑に落ちない解説となる。

これでは啓発がうまくいかないことを、数多くの機会に経験した。私が市民の目線で解説と提言を行うと、同業者から「ちょっと正確さに欠けるね」という冷ややかな反応が必ず返ってくる。

ここで、私に「専門家サイドを離れて市民サイドに沿う不安はない」と言ったら嘘になる。しかし、「科学の伝道師」は、この不安に打ち勝って成り立つ仕事なのだ。二〇年近く試行錯誤を繰り返してきた経験から、ようやく私も覚悟が決まってきた。

本書執筆の目的は、とにかく市民の不安を払拭することにある。その際、かつて我々が失敗したように専門家の視点や好みを押しつけて、市民の理解を妨げる過ちを繰り返さないようにしたい。我々は学問的に正確に表現しようとするあまり、また研究に矜持(きょうじ)を持つがあまり、難しいこと、些末(さまつ)なこと、自慢したいこと、を言いたがるからだ(もちろん私も例外ではない)。よって、あえて「市民に役立つ知識」に絞って、情報を簡略化しなければならないのである。

この「戦略」と「自戒」は一五年前に出した最初の著作『火山はすごい』(PHP文庫)でも述べたが、今でもまったく変わっていない。その後の私は次第に、論文生産から一般向け啓発書の執筆へとアウトプットを行う領域をシフトしていった。

後輩の火山学者は「鎌田さんは横書きから縦書きに変えただけで、書くことに生き甲斐を感じる姿は昔から変わらないね」と言った。そうなのだ。英文のジャーナル論文でも和文の新書でも、書けば書くほど「伝える」技術が上達するのは本当である。

私が啓発書で伝えたいことは、至ってシンプルである。自然の一部である人間は、とうてい自然をコントロールすることはできない。一方、知恵をしぼれば災害を減らすことは可能で、そのために地球科学の「出番」がある。そもそも我々が研究できるのは、いずれ社会へ還元する機会をいただいたからではないか。

こうした立ち位置のもと、最終的には「自分の身は自分で守る」ことがポイントとなる。

つまり、一般市民の各自が、人に頼ることなく、行動してもらわなければならないのである。ところが、これは言うほど簡単ではない。

確かに英国の哲学者フランシス・ベーコンが説くとおり「知識は力なり」なのだが、地球科学の「知識」を実際に人の命が助かる「行動」にまでつなげるには、もう一つ有効な方法論が必要である。これは最終章で論じるテーマであり、私がいま格闘している最大の研究テーマでもある。

本書では『火山と地震の国に暮らす』以後に判明した地球科学上の最新の知見を盛り込み、「日本の地下で何が起きているのか」を解説し、「これから何を準備すべきか」を提言したい。市民の目線で「本当に必要なこと」に絞って分かりやすく述べてみよう。

目　次

1 熊本地震と豊肥火山地域――いつ終息するのか

日本列島の中でも九州は度重なる地震によって甚大な被害を受けている。二〇一六年の四月一四日には熊本県益城町で大地震が発生した。突然、地面の下から激しい揺れが襲ってくるという直下型地震で、地域を大混乱に陥れた。その後も地震が頻発し、熊本県東部だけでなく、さらに北東にある大分県などまったく別の地域に飛び火した。いまだに地震活動が終息する兆しは見えず、災害関連死を含めると二〇〇名を超える犠牲者を出している。

日本列島の自然災害を語る最初に、熊本地震がなぜ起きたか、どうして長く続いているのか、について見ていきたい。さらに、この熊本地震は日本全体の地殻変動とどのように関連するのかも考えたい。

実は、熊本地震が起きた地域は、私が三〇年ほど前に研究対象に選び、そこで明らかにした事実を博士論文に仕上げた場所である（「中部九州における火山構造性陥没地の形成発達史と地質構造」英文三三六ページ、東京大学理学博士論文、一九八七年）。今でも熊本にはたくさんの友人が住んでおり、熊本地震の被害はとても人ごとには思えないのだ。

地震断層と活断層

最初に、熊本で地震がなぜ頻発したのかを説明しておこう。熊本県を含む九州の中部地域は、もともと地震がよく起きるところだ。こうした地震の多くが、震源の深さ一〇キロメートルくらいの浅い場所で起きている。「震源」というのは、地下深くで地震が発生する場所のことで、ここから強い揺れ(地震波(じしんは)という)が地上まで伝わってくる。

なぜここで地震が起きるかというと、付近の岩盤に強い力が加わっており、岩石が割れるからだ。地下深くの岩石が一気に割れて、大きなエネルギーを発する。それが地表まで何十キロメートルも伝達されて、建物を揺らすのである。

このとき震源では、岩盤に大きな割れ(切断面という)ができる。この面がいわゆる「断層」と呼ばれるものである。地下で地震を発生したので、我々専門家はこの切断面を「地震断層」と呼ぶ。そしてこれが地上まで達すると、地上に同じような切断面ができる。一直線状に地面が割れて、その線を境にして段差が生じることもある。どちらかの地面が高くなった場合には、その上に水田があると溜(た)めた水が流れ出してしまう。

また、その線を境にして水平方向に地面がずれることもある。こうした場合には、もしその上に道路があれば、すっぱりと切れて道がつながらなくなる。このように地下の地震断層によって地上に生じた地形的なズレを「活断層」と呼ぶ(図1-1)。

まとめると、地震断層は地下の震源にできたもので、それが地上に連続したものが活断層である。よって、我々が目でリアルに見ることができるのは活断層のほうで、地震断層はプロの地震学者が地震の発生位置などを調べて分かるバーチャルな産物である。

市民向けに地震の講演会をすると、聴衆が最初につまずくのがこの点である。我々専門家は地震断層と活断層という二つの用語を出して、どんどんメカニズムや被害の話へ進むが、聴いている人は「断層が二つもあるのか？」とまず混乱する。

一番いけないのは、目で見える活断層の話を聴いているつもりでいたら、地下の地震断層は研究者によって描く位置が違う、などと解説される場合だ。この問題は、リアルな活断層とバーチャルな地震断層というカテゴリーの少し異なる話が、同時進行で説明されている点にある。

図 1-1　熊本地震で生じた横ずれ断層地形（産業技術総合研究所のホームページ https://www.gsj.jp/hazards/earthquake/kumamoto2016/kumamoto20160419.html による）

科学の解説は何でもそうだが、天然に実在する現象と仮定されたモデルの間を行き来しながら議論が進み、次第に天然の現象をモデルがうまく説明できるようになって、最後に結論が出る。こうした「構造」が分かるように聴衆（または読者）に説明しないと、科学の初心者はとまどってしまう。

さて、熊本地震に話を戻そう。熊本では地上に活断層が生じて、水田に落差ができ田植えの季節が始まっても水を溜められなくなった。また、道路や畑が水平に何メートルもずれて使えなくなった。活断層のそばに建てられていた住宅は倒壊し犠牲者が何十人も出た。

その発端が、先にも述べた四月一四日午後九時二六分に熊本県益城町で起きたマグニチュード6・5の直下型地震だった。この地震は地上では震度7の激震をもたらした。気象庁が観測を始めてから三回しかないという震度7で、一万五〇〇〇人以上が各地の避難所に避難した。インフラ被害も甚大で、JR九州の九州新幹線が脱線し終日運転を見合わせた。この地震は直ちに気象庁により「平成二八年熊本地震」と名づけられた。

マグニチュードと震度

ここで地震の大きさの説明を加えておこう。いま、「マグニチュード6・5の直下型地震」「震度7」と書いたが、初めての読者はこれにもとまどうのである。見慣れない数字もさることながら、マグニチュード（Mと略す）や震度という言葉の背景が今ひとつ分からないからだ。

まず、「マグニチュード」というのは地下で地震によって発生するエネルギーの大きさを表す単位で、先の地震断層がその大元の原動力である。マグニチュードは数字が0・2大きくなるとエネルギーは二倍、そして1大きくなるとエネルギーは三二倍、2大きくなると一〇〇〇倍まで増加する(図1-2)。

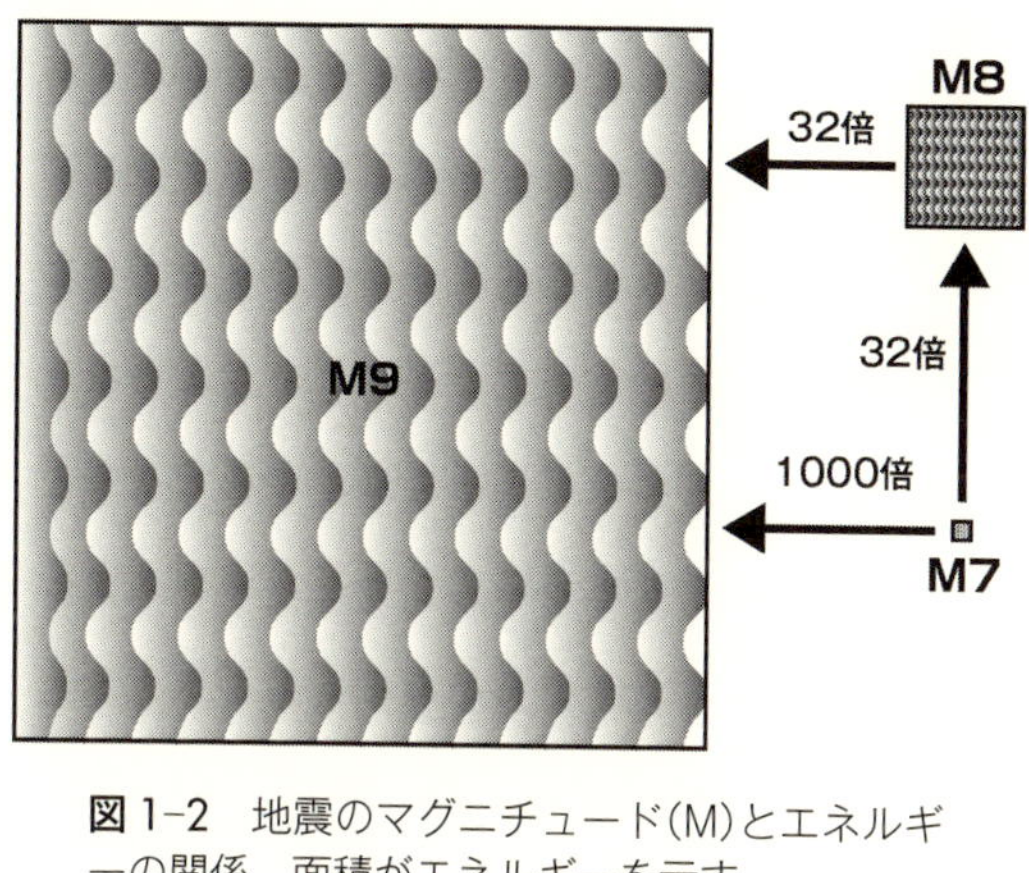

図1-2　地震のマグニチュード(M)とエネルギーの関係．面積がエネルギーを示す

ちなみに、広島型の原爆(二〇キロトン)の放出エネルギーは、M6・1に相当する。また二〇一一年の東日本大震災で出たエネルギー(M9・0)は、一九二三年の関東大震災の約五〇倍、また一九九五年の阪神・淡路大震災の約一四〇〇倍にもなる。

マグニチュードは気象庁により震源から一〇〇キロメートル離れた標準的な地震計の針が揺れた最大値から求められ、日本ではM7以上を「大地震」と呼んでいる。

それに対して「震度」は、地震が起きたときにある場所でどのくらい地面が揺れたかを表した数字である。具体的には、震度は揺れの強さを人間の感覚や家屋が壊れる被害の程度から、複数の段階に分けて表示する。

かつて気象庁では、観測員が自分の感覚によって震度を決定していた。その後、震度を機械的に測る震度計を導入し、一九九六年から震度はすべて震度計によって決定されるようになった。現在、震度は一〇階級で表示され、その最大は震度7である。

ちなみに、震度は震度0から震度7まであり、そのうち震度5と震度6はそれぞれ強弱の二段階で表示されるので、すべて合わせると一〇の震度階級となる。

よって、「M6・5」は地下の原因、「震度7」は地上の結果なのである。ここを最初に伝えておかないと、あとの説明がチンプンカンプンになる恐れがある。

換言すれば、マグニチュードはある地震に対して一つの値しかないが、震度は(地上の)場所によって変わり、(地下の)震源から遠くなると小さくなる。こうしたことから、気象庁から発表される震度が同じであっても、建造物や地盤の状態によって、被害がかなり違ってみえる場合があるのだ。さらに、震度は地表での揺れを示すものだが、高層建築物などの高所では、発表された震度よりも大きな揺れが生じることもある。

熊本地震の「前代未聞」

では、熊本地震の続きを見ていこう。震度7を出した四月一四日の翌々日、これを上回る地震が発生した。四月一六日午前一時二五分に熊本県を震源とするM7・3の地震が起きた。これによって地上では震度7の激しい揺れが起き、建物の倒壊などが相次いだ。

さらに熊本県南阿蘇村にある全長二〇〇メートルの阿蘇大橋が崩落し、土砂崩れによってJR豊肥(ほうひ)線の線路が押し流された。二度目の震度7によって、死者の数が膨(ふく)れあがったのである。

ちなみに、M7・3という地震は、一九九五年に犠牲者六四〇〇人以上の惨事となった阪神・淡路大震災と同規模なのである。すなわち、陸上で起きる直下型地震としては最大規模のもので、めったに起きるものではない。

また、震度7が立て続けに二回も起きるというのは「前代未聞」だった。さらに最初の震度7がM6・5の地震、次の震度7がM7・3の地震というように、後に発生した地震の規模のほうが大きいというのも、今まで例がなかった。というのは、直下型地震は最初の一撃が最も大きな揺れをもたらし、次の地震は最初のものより小さくなるという経験的な事実があったからである。

研究者は誰しも、M6・5の地震が震度7を記録したら、これ以上のものは来ないと思う。よって、気象庁も四月一四日の地震を「本震」と発表したのだが、四月一六日にM7・3が起きたため気象庁は非常に困った。

気象庁は色々考えた末に、四月一四日のM6・5は「前震」、四月一六日のM7・3は「本震」と呼び変えたが、こうしたことも前代未聞で混乱を招くことになった。そのあとも地震はまったく沈静化する気配がなく、熊本県阿蘇地方などで震度6強の揺れが断続的に起こり、被害がさらに拡大していった。

その後、驚くべき展開が始まった。私を含めて地球科学者の予想をまったく超えて、大分県西部や中部などまったく別の場所に震源が飛び火したのである。熊本県内の地震も止むことはなく、中部九州の全域で大揺れ状態が何カ月も続いたのである。二〇一七年九月現在でも地震活動が終息する兆しは見えず、災害関連死を含めると熊本地震の犠牲者はいまでも増え続けている。

次に、熊本地震はどのようにして起きたか、メカニズムを見ていきたい。これは近年の日本全体にも関わる共通の運動を元としている。先に話の方向性を述べておくと、第2章で取り上げる南海トラフ巨大地震や第4章で扱う日本列島の活火山とも関連している現象なのである。以下ではまず、熊本地震の原因からくわしく解説しよう。

熊本地震のメカニズム

熊本地震は活断層が動くことによって生じる典型的な内陸の直下型地震であることは既に述べた。熊本地域はもともと活断層が数多くあるところで、四月一四日に起きたM6・5の地震は、その後に発生した夥(おびただ)しい数の地震を代表するものだった。

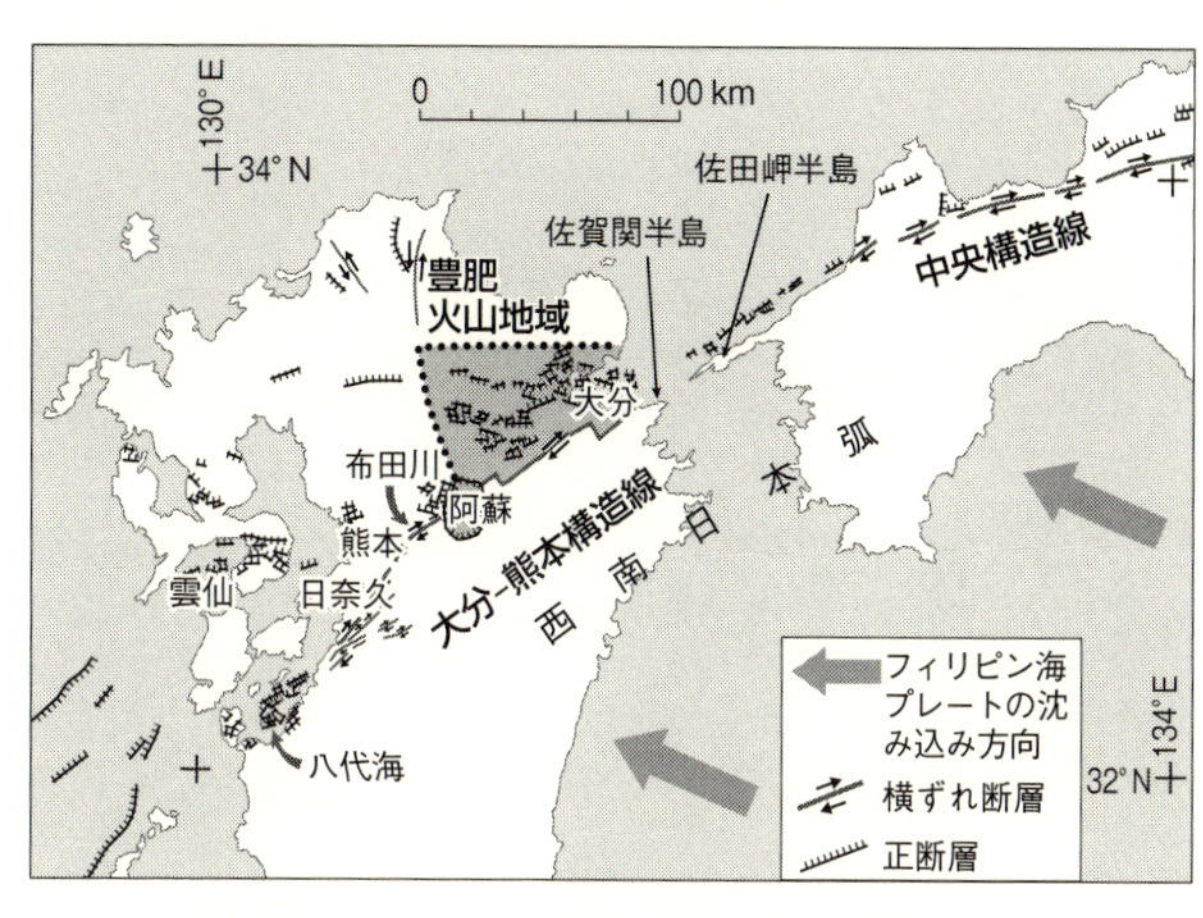

図 1–3　豊肥火山地域と大分–熊本構造線

そして四月一六日の地震は、地面を斜めに横切る割れ目を地表に出現させた。この割れ目は北東から南西方向に斜めに伸びており、地面を水平方向へずらしていた。すなわち、断層を境として地面が水平に動く「横ずれ断層」が現れたのである。このように横切るという性質は、この地域に共通する活断層の特徴だった。

ここには布田川(ふたがわ)断層帯と日奈久(ひなぐ)断層帯という第一級の活断層が地下にある（図1–3）。いずれも九州が南北方向に引っ張られる力で生じたものだが、数十年おきに地震を起こしてきた元凶でもある。ここで「第一級」と書いたが、この二つの活断層は今回の地震で初めて聞いた方も多いかもしれない。しかし、専門家の間では活発で重要な断層という認識が既にあった。

実は、布田川断層帯と日奈久断層帯は、何年も前から地質学者によってくわしく調べられていた。調査結果はすべて公表済みで、政府の地震調査研究推進本部は両者に対して、地震の発生確率が高いものとして委員会等で警鐘を鳴らしていた。

ちなみに、布田川断層帯と日奈久断層帯は、まとめて「布田川–日奈久断層系」と表記される。なお、こうした調査報告はすべてインターネットで読むことができる。

具体的に見てみよう。後者の日奈久断層帯は特に活動度が高いものとして注目されていた。すなわち、日奈久断層帯の一部に相当する八代海(やつしろかい)区間(長さ三〇キロメートル)では、三〇年以内にM6・8以上の地震が発生する確率が最大一六パーセントと計算された。

これは全国にある主要一八七断層の中でも最も高い数字だった。そして、予想どおり、地下の岩盤が長さ一八キロメートル、幅一〇キロメートルの区間で、地面が六〇センチメートル、今回の地震でずれた事実を、国土地理院が確認した。

横ずれ断層が発生した事実は、その後の地震のメカニズムとも深く関係している。M7・3の地震のあと、大分県西部や中部といったまったく別の場所で地震が相次いだが、いずれも同じタイプの横ずれ断層を主体とする直下型地震だった。

そして震源域は北東の大分県方面だけでなく南西にも広がった。益城町の南西方向にある八代海へ震源域を次第に拡大していったのだ。つまり、今後の活動予測をする上で心配の種がまたひとつ増えたのである。

これに加えて、北東方向へもさらに広がって海を渡り、四国へつながる可能性もあるのだが、それについては改めて後に取り上げよう。

豊肥火山地域と大分‐熊本構造線

地質学的にみると、今回の熊本地震を起こした断層は、東西に横断する「豊肥火山地域」という地質構造に沿って地上に出現した活断層群の一部とみなすことができる。

豊肥火山地域とは、北東の端である別府湾から、南西の端である阿蘇火山に至る幅二〇～四〇キロメートル、長さ七〇キロメートルに及んでいる溝状に陥没した地域である（図1‐3）。ちなみに、その名称は「豊後」（大分県）と「肥後」（熊本県）に因む。

その内部には、鶴見火山、由布火山、九重火山、阿蘇火山などの活火山が形成されている。ここは地震と噴火が絶え間なく起きることで沈降してできた、世界的に見ても特異な地域なのである。このように大規模な陥没と、大量の火山岩の噴出がほぼ同時に起きた地域は、地質学では「火山構造性陥没地」と呼ばれている。

私が学位論文の対象にこの地域を選んだのは、火山構造性陥没地の内部構造と形成史を知るために、これ以上に適した場所は地球上どこにも見当たらないからであった。

実は、熊本地震を起こした中部九州は、日本列島の中でも地面が南北に引っ張られている特殊な地域である。その特異さは、地質構造を変えるような運動と火山の噴火活動が並行して、かつ複合的に起きることにもあらわれている。豊肥火山地域はまさに、太古から地震と噴火を繰り返す世界でも稀な地域なのである。

豊肥火山地域は、右横ずれの断層運動によって南北に引っ張られることで、地震と噴火が繰り返されて形成された。なお、「右横ずれ」とは、断層をはさんで向こう側の地面が右方向へ移動するものを言う。その反対は「左横ずれ」であり、横ずれの断層運動はこうした左右の二つで分類される。

そして、この地域の南縁で断層運動を生み出しているのが、「大分-熊本構造線」と呼ばれる長大な地質構造である(図1-3)。実は、熊本地震で建物の全半壊、橋の崩落、ダムの漏水、大規模な地滑りなど大きな被害が出た地点は、この構造線に沿っていたのである。

さて、豊肥火山地域と大分-熊本構造線という二つの固有名詞が登場したが、こうした地名に意味があるので、少し付き合っていただこう。地球科学の解説では、地名や岩石名や時代名などの見慣れない言葉が続出するのがしばしば学習者に嫌われる。

専門家はこうした用語を使うと、話を要領よく進められるので重宝するのだが、初めて目にする初学者には苦痛以外の何ものでもないようだ。これは高校の教科で地学が敬遠される理由の一つでもあったのだが、本書ではなるべく固有名詞は少なくして説明しようと思う。

大分-熊本構造線は、文字通り熊本市と大分市を結ぶ線上にある。そして大分-熊本構造線は、北東から南西方向の断層を境として、地面が水平に動く「横ずれ断層」の集合体なのだ。先に述べた布田川-日奈久断層系も、この構造線の線上にある。これらが熊本地震の前震での震源となり、引き続く本震を起こしたのである。

熊本地震の要因

ここで大分-熊本構造線がなぜできたかを考えてみよう。火山構造性陥没地の内部構造をボーリングや重力探査によって調べた結果、大分-熊本構造線の北側には「プル・アパート構造」という地質構造があることが分かった。プル・アパート構造とは、地面が水平方向に引っ張られることで岩盤に割れ目が生じて、巨大な陥没地ができる構造をいう。

この地域では、地面が引っ張られるときに右横ずれ運動が起こり、布田川-日奈久断層系ができる原因ともなった。さらに、豊肥火山地域では、約六〇〇万年間にわたって大量の火山噴出物がこうした陥没地を埋め立てていたことが分かった。

ここで熊本地震の要因を簡単にまとめると、以下のようになる。熊本地震は、大分-熊本構造線で起きていた長年の運動を反映しており、豊肥火山地域の火山構造性陥没地の活動の一部だったのである。

そして豊肥火山地域の歴史をくわしく調べると、こうした活動は中部九州では約六〇〇万年前から始まっており、現在まで継続していることが分かった。特に、豊肥火山地域の一番南の縁では、大分-熊本構造線が現在でも右横ずれ運動を継続しており、それが現代の熊本地震につながった。

では、この豊肥火山地域はそもそも、どうやってこの地域に誕生したのだろうか。そして、プル・アパート構造をつくった右横ずれ運動の原動力となっているのは、一体何だろうか。

この問いは、大分‐熊本構造線の東へ目を向けると解答が見つかる。ここで、大分‐熊本構造線と中央構造線との連続性という新しい話題が登場する。

中央構造線とプレート・テクトニクス

大分‐熊本構造線の東の端は、大分県の佐賀関(さがのせき)半島である。そして、さらに東の延長が、四国に渡って愛媛県の佐田岬(さだみさき)半島につながり、陸上の中央構造線とつながる(図1‐3)。すなわち、九州の東方では海を越え、四国の「中央構造線」という別の構造線につながっていたのだ。逆に言うと、日本列島をほぼ縦断する大断層「中央構造線」の延長が、大分‐熊本構造線だったのである。

そして、中央構造線の動きこそが、日本列島の地殻変動の大元をつくっているプレート運動と関連する。それは、日本列島全体のプレート・テクトニクスに関わることなので、改めて説明してみよう。

日本列島の成り立ちは、地球上を動くプレート(厚い岩の板)によって説明されている。地球の表面は一〇枚ほどのプレートに分割されているが、日本列島にはそのうちの四つのプレートが関わっている。

まず、日本列島の地下には二つの「陸のプレート」がある。これらにはユーラシアプレートと北米プレートという名前が付けられている。また、日本列島の東の沖合に広がる太平洋には、二つの「海のプレート」があり、太平洋プレートとフィリピン海プレートと名づけられている(図1-4)。

すなわち日本列島は、二つの陸のプレートと二つの海のプレートのあわせて四つのプレートの相互運動によって誕生した。また、海のプレートは長い時間をかけて、陸のプレートの下にもぐり込んでいくという性質がある。つまり太平洋にある二つの海のプレートが、やや斜め方向に日本列島の地下へ沈み込んでいるのだ。

プレートの動きは非常にゆっくりしたもので、一年に四〜八センチメートルくらいの速度である。身近なものでは、ちょうど爪が伸びる速さくらいだろうか。こうしたゆっくりとした動きでも、何十万年、何百万年という間には非常に大きな距離を移動する。そして、この運動が、最初に述べた東日本大震災(二〇一一年)の原因ともなった。

まとめると、日本列島で起きる地殻変動は、太平洋プレート、ユーラシアプレート、北米プレート、フィリピン海プレートという四つのプレートが互いにせめぎ合うことで生じた「ダイナミック」な現象なのである。

そして熊本地震の右横ずれ運動の原因は、こうしたプレート運動にまで求めることが可能なのだ。もう一度丁寧(ていねい)に話を追うと、布田川-日奈久断層系の右横ずれ運動は、大分-熊本構

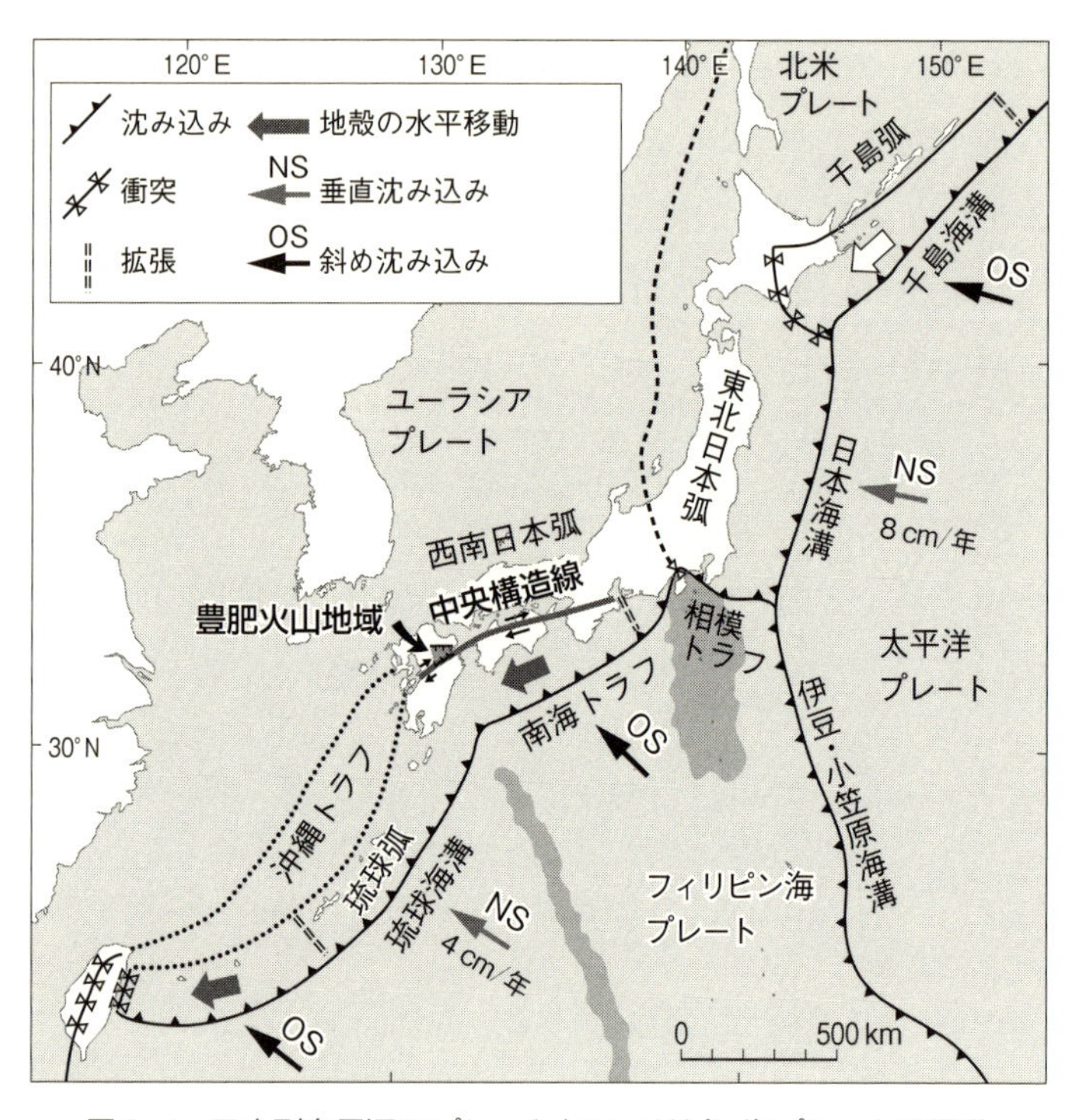

図 1-4　日本列島周辺のプレートとフィリピン海プレートの運動

造線の右横ずれ運動の一部であり、これはさらに中央構造線の右横ずれ運動の一部でもある。

そして、中央構造線の右横ずれ運動の原因は、フィリピン海プレートのユーラシアプレートに対する「斜め沈み込み」だった(図1-4)。つまり、地殻変動の原因に関してはすべて、日本列島を取り巻くプレート運動まで遡ることが可能なのである。

フィリピン海プレートの斜め沈み込み運動

現在、フィリピン海プレートは北西方向に移動しながら、琉球弧の北部に対してほぼ垂直に、また西南日本弧に対して斜めに沈み込んでいる(図1-4)。この動きが大分-熊本構造線の右横ずれ運動を引き起こし、豊肥火山地域では大規模な陥没が始まった。

ここで運動の原動力を考えてみると、「フィリピン海プレートの移動→右横ずれ運動」「右横ずれ運動→南北に拡大＝陥没」という図式がある。いずれも幾何学的な因果関係で決まるのだが、イメージしにくければ少し「棚上げ」して先に進んでいただきたい。

さて、豊肥火山地域では大規模な割れ目噴火が起こり、世界でも珍しい火山構造性陥没地を形成した。また、右横ずれ運動に伴って南北に拡大することで陥没域は北東方向へ押し出され、地上に東西方向の「正断層群」が発達した。実際には、上側の層がずり落ちた正断層が、地上では東西方向に数多く発達したのである。

ちなみに、フィリピン海プレートの沈み込みは一五〇〇万年ほど前から断続的に起きており、九州の地殻変動を支配する最大の原動力となっている。特に約六〇〇万年前からプレートの沈み込みが速くなり、現在の速度(一年あたり約四センチメートル)に達した。こうした作用によって大規模な火山・地震活動が始まったと考えられる。

熊本地震を引き起こした布田川−日奈久断層系は、地盤の長期的な歴史が分かっている数少ない活断層である。こうした地質構造は判明していたものの、一方で近年は大地震が起きていなかったので、不意打ちを受けてしまったのだ。

大分−熊本構造線上の地震は、われわれ専門家が予想していた現象と、まったく予想できなかった現象とを同時に起こしながら、震源域を両方向へ拡大した。しかも今後の展開については、まったく予断を許さない状況にある。いずれにせよリアルタイムで進行する地学現象を説明するためには、ここで紹介した日本列島規模の地質構造の理解が必須となる。

火山の成因も「プレート・テクトニクス」で

地球科学では、このように地面が大規模に動く現象は「テクトニクス(tectonics)」と呼ばれる。日本語では「地球変動学」と訳されるが、私の学生時代から地球科学のメインの仕事となってきた。

私自身、火山研究の中でテクトニクスの柱を立てて、なぜ火山が生じるのかをプレート・テクトニクスの文脈で明らかにしようとした。折しも、九州の地熱地帯で数多くのボーリングや年代測定のデータが得られるという火山研究の最盛期にも遭遇し、通産省（現・経済産業省）地質調査所で夥しい量のデータを用いて全体像を組み上げた。

こうして明らかになったプレート運動と火山活動との関係を英文誌論文で報告し、その中で豊肥火山地域（Hohi volcanic zone）と命名したのである。それから三〇年が過ぎ、よもや豊肥火山地域の活動が、目の前で熊本地震として起きるとは想像だにしなかった。

私事を述べると、豊肥火山地域のテクトニクス研究は、故・中村一明東京大学地震研究所教授（一九三二―一九八七）にたくさんの指導を受けた。中村先生はテクトニクスの世界的な権威で、地球を大局的に見る視座を数多く教わった。先生が亡くなる直前に博士論文を作成したのだが、完成するまで何度も厳しいコメントをいただいた。

どうなることかとヒヤヒヤしながら提出したのだが、審査員の一人である中村教授は最終審査会での開口一番「僕は感銘を受けました！」と発言してくださった。これに救われて何とか通していただいた。熊本地震と豊肥火山地域のテクトニクスについて先生ならばどのように解釈されるだろうかと、今でも先生を思い出す。学問的な厳しさと人間的な温かさの両方を兼ね備えた忘れられない教授である。

中央構造線が連動するか

さて、大分‐熊本構造線に話を戻そう。一般に地震が発生すると、震源域にたまっていた歪(ひず)みは解消されるが、逆にその歪みが周囲へ広がってゆくことがある。つまり、いま動いた活断層の延長線上にある別の断層の歪みが増えて、離れた地域で地震が起き始めるのだ。

今回、大分‐熊本構造線の横ずれ運動は、北西の大分方面に飛び火した。先ほど「北東方向へもさらに広がって海を渡り、四国へつながる可能性もある」と述べたが、まさにその問題である。

今後、九州の大分‐熊本構造線の横ずれが四国にある「中央構造線」まで飛び火するかが、非常に気になる点なのだ。すなわち、豊肥火山地域の内部の歪みが東方へ伝われば、四国側の中央構造線が連動する可能性が考えられ、懸念は九州に留まらない。

ここで、中央構造線全体の動きを見ておこう。中央構造線とは、西日本を東西に五〇〇キロメートル以上も横切る第一級の境界で、活断層が密に並走する場所でもある。過去に大きな被害をもたらした震源域が、愛媛県から東へ伸び、海を渡って和歌山県まで連続する(図1‐4)。

なお、中央構造線や布田川‐日奈久断層系など活断層の動きに関する「定量的な評価」は、改めて第3章でくわしく述べる。

さて、地球科学には「過去は未来を解く鍵」というキーフレーズがあり、過去に起きた現象を解析することによって確度の高い将来予測を行う。これに従って一六世紀末まで時計を戻して、中央構造線の活動を見てみよう。

一五九六年九月四日、大分‐熊本構造線の東端に当たる別府湾の周辺で地震が発生した。慶長豊後地震と呼ばれるM7・0の直下型地震で、七〇〇人以上の犠牲者が出た記録がある。

その三日前には、同規模の慶長伊予地震が四国の北西部で起きており、また翌日の九月五日には有名な慶長伏見地震が京都の伏見付近で発生した。三つの地震はいずれもM7クラスの直下型地震であり、中央構造線沿いの断層帯が互いに誘発しあったと考えられている。

特に、最後の慶長伏見地震は時の権力者であった豊臣秀吉の政治に影響を与えた激甚災害として、歴史的にも重要視されている。ちなみに、歌舞伎の演目「地震加藤」は、熊本城主の加藤清正（一五六二―一六一一）が秀吉のいる伏見桃山城に駆けつけ、謹慎を解かれるストーリーだ。その彼が郷里に築城した堅固な熊本城が、今回の地震で大きな被害に遭った。

豊肥火山地域のマグマ活動

次に、熊本地震がもたらす地下のマグマへの影響を考えてみよう。豊肥火山地域には別の側面もある。ここではマグマの熱によって温められた地下水が、断層を通路として地表に湧(わ)き出る日本有数の温泉地帯になっている。

先に指摘したように豊肥火山地域は、地震と火山が連動する世界でも珍しい地域なのだ。よって、次に豊肥火山地域のマグマ活動がどうなるかが気になるところなのである。

そのポイントはこうだ。この地域では地面を南北に引っ張りながら活断層が動くため、そのままでは九州が割れて中央を東西に横断する海ができてしまう。そうならなかったのは、拡大した部分を絶えず火山から噴出した大量のマグマが埋めたからだ。しかもこの相補的な運動は、何と六〇〇万年前から現在まで、休みなく連綿と続いているのである。その現代版が今回の熊本地震であり、活火山の阿蘇山の活動なのだ。

長いあいだ地震と火山がワンセットになって連動してきた事実から、私は今後も両者の動きは変わらないと考えている。つまり、地震が起きた後には火山が噴火してきたわけだから、これから心配なのはマグマ噴出というわけだ。くわしく見てみよう。

二〇一六年四月の熊本地震の震源から北東へ三〇キロメートルほど離れた場所に、活火山の阿蘇山がある。二〇一六年四月一六日午前八時半、阿蘇山中岳の第一火口で小規模な噴火があり、火口から噴煙が一〇〇メートルほど上がった。

実は、この日の私は朝から肝を冷やしたのだが、幸いその後は小康状態を保っている。しかし、現在でも活動が止んだわけでは決してない。

ちなみに、阿蘇山は二〇一五年九月にも上空二キロメートルまで噴煙を吹き上げ、噴火警戒レベルが3(入山規制)に引き上げられた。その後、活動が弱まって警戒レベルは2(火口周辺規制)に下げられたが、活動が活発になれば再びレベルは引き上げられる。

こうした現象について、私を含めて火山学者はみな、熊本地震をはじめとする一連の地殻変動が阿蘇山の噴火を誘発するのではないかと、固唾(かたず)をのんで見守っている。実際、阿蘇山には京都大学の火山観測施設があり、九〇年以上にわたり研究と観測が続けられている。私が毎年学生たちを「巡検」と呼ばれるフィールドワーク（野外調査研究）に連れて行く地域でもある。そして、今回地表に断層を生じさせた布田川断層帯の東の端が、阿蘇カルデラの内部まで到達してしまったのだ。

ここで、火山と地震の一般的な連関について触れておこう。過去の例を見ると、大地震が起きると地下のマグマが揺すられて、噴火を誘発することがある。有名な例としては、江戸時代（一七〇七年）にM8・6の巨大地震が起きた四九日後に、富士山が大爆発した。実は、その一カ月ほど前から富士山の下でも地震が起きていたことが分かっており、こうした異常から次に起きる噴火を予測しようとしているのである。

ひるがえって現在の阿蘇山では、噴火直前に増加するとされる火山性微動のデータを見ても、噴火が激化する兆候はまだない。しかし、こうした小康状態はいつ何時にも破られるものである。

豊肥火山地域の中には阿蘇山の他にも、九重山や鶴見岳など近年噴火した活火山が複数あり、二四時間体制で常時監視されている。とは言っても、今の火山学では何月何日に噴火が起きるかを示すことは不可能だ。

すなわち、長期的に見るとこの地域は地震と噴火が連動してきたが、短期的な噴火予知はできないのである。これについては、改めて第4章でくわしく述べることにしよう。

熊本地震と阿蘇山の活動はいつ終息するか

そして熊本地震と阿蘇山の活動がいつ終息するかは、非常に関心のあるところである。しかしながら、結論を先に述べると、現代の地球科学では残念ながらいずれも予測できない。地質学の観点から、豊肥火山地域で起きる地殻変動の特徴は、何十万年という長期間にわたって地震と噴火を繰り返してきたという事実である。そして過去六〇〇万年にわたって続いた活動が、小休止の後に二〇一六年に再開したことは確実だ。

したがって、今後も大分–熊本構造線沿いの地震活動と、豊肥火山地域の内部にある阿蘇山・九重山・由布岳・鶴見岳などの活火山噴火の双方を、同時に警戒しなければならない。具体的には、大分–熊本構造線と中央構造線沿いで観測される微小地震や地殻変動などを注視しつつ、突然の変化に対応するほか術(すべ)はないのである。

これまで我々が一〇〇年以上も蓄積してきた「学問上の達成」にもかかわらず、将来予測がこうしたレベルに留まっているという「現状」も、私が本書で伝えたかった点である。

そして、熊本地震を引き起こしたフィリピン海プレートの斜め沈み込みは、もっと大きな変動を日本列島に与え続けている。プレート沈み込み運動が、海の巨大地震を引き起こすストーリーである。次章の南海トラフ巨大地震で、くわしく述べていこう。

2　必ず来る南海トラフ巨大地震

地震は陸上で起きるだけでなく海底でも発生する。私が京都大学の講義や市民向けの講演会で話す最も重要なテーマは、これから日本を襲う海の巨大地震である。「南海トラフ巨大地震」と呼ばれるもので、「必ず来る」と私は断言してきた。これについてプレート運動から解説してみよう。

前章で述べたように日本列島は太平洋側から二つの厚い岩板(プレート)に押されており、巨大地震はこの動きに支配されて起きる。プレートが数百万年という長い時間沈み込むことによって、太平洋の海底に「南海トラフ」と呼ばれる長大な窪みをつくった(図2-1)。

南海トラフは静岡県沖から宮崎県沖まで続く水深四〇〇〇メートルの海底凹地で、東海地震・東南海地震・南海地震という巨大地震を繰り返し発生させてきた場所だ。日本周辺で起きる地震について最もよく観測と研究がされてきた海域でもある。

南海トラフの北側には三つの「地震の巣」があり、震源域と呼ばれている。それぞれ東海地震・東南海地震・南海地震を起こしてきた場所であり、一部は陸地に差し掛かっているこ

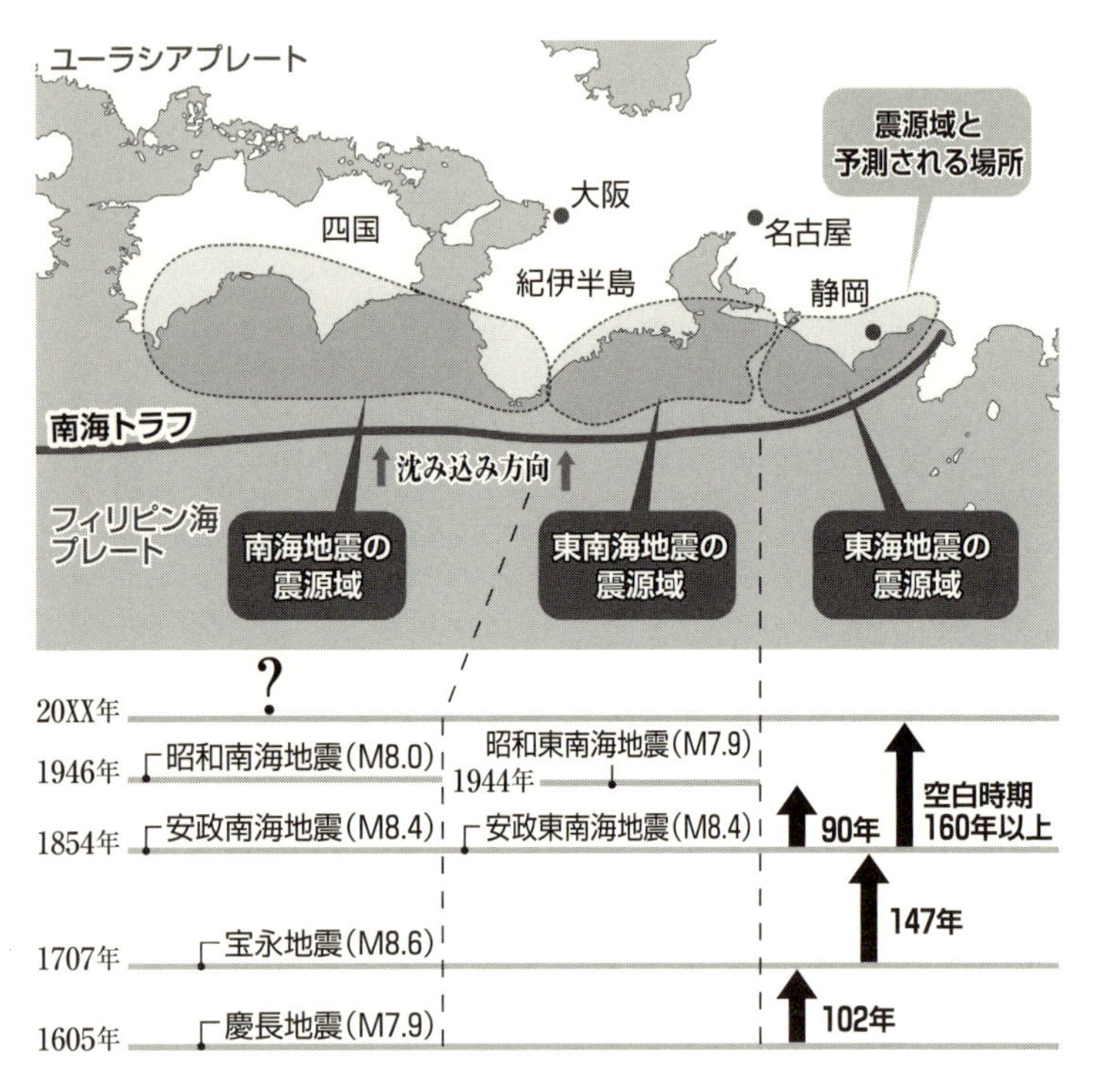

図 2-1 東海地震・東南海地震・南海地震が予想される震源域と過去の巨大地震

とにも注目していただきたい（図2―1）。三つの震源域は同時に活動して巨大地震を起こすこともあり、その履歴に地球科学者は着目してきた。

近代地震学が日本に導入されて観測が始まったのは、明治になってからである。それ以前の地震については観測データがないので、古文書などを調べて、起きた年代や震源域を推定してきた。その結果、南海トラフで東海地震・東南海地震・南海地震が周期的に起きる状況が分かってきた。

巨大地震の履歴

過去には東海から四国までの沖合で、プレートの沈み込みに伴う巨大地震が、比較的規則正しく起きてきた。日本には奈良時代以来の天変地異を記録する古文書が残されている。これらを解読して地震が起きた歴史を繙(ひもと)くと、南海トラフ沿いで地震と津波が九〇〜一五〇年おきに発生したことが分かってきた。やや不規則ではあるが、緩い周期性が認められるのである。

こうした時間スパンの中で、三回に一回は超弩級(ちょうどきゅう)の巨大地震が発生したことも判明した。例としては一七〇七年の宝永地震、一三六一年の正平(しょうへい)地震、八八七年の仁和(にんな)地震が知られている。つまり、過去の西日本ではおよそ三〇〇〜五〇〇年という間隔で特に規模の大きい地震が起きていたことになる。

近い将来に南海トラフ沿いで起きる地震は、この三回に一回の番に当たる。東海・東南海・南海の三つの震源域が同時に活動する「連動型地震」というシナリオだが、首都圏から九州までの広域に甚大な被害を与えることになる。

この震源域の総面積は、二〇一一年の東日本大震災と同じくらいか、やや上回ると予想されている。震源域の広さは地下で地震が解放するエネルギーに比例するので、前章で説明したマグニチュード(M)で見てみよう。

一七〇七年(宝永地震)の規模はM8・6だったが(図2-1)、これから起きる連動型地震はM9・1と予測されている。すなわち、東日本大震災(M9・0)に匹敵する巨大地震が西日本で予想されるのだ。

こうした海の地震が、いつ頃に起きそうかも計算できる。よく地震予知で話題となる「地震発生の年月日」は特定できないが、一〇年くらいの範囲で確実に起きることは予測できるのだ。この点が、数千年の周期を持ち、いつ動くとも動かないとも分からない活断層が引き起こす陸の直下型地震とは状況が大きく異なる。

そして南海トラフ巨大地震の原因は、フィリピン海プレートの沈み込み運動である。第1章では陸上で中央構造線を動かした原動力として説明したが、このフィリピン海プレートは太平洋の海域では南海トラフという凹地を形成しながら巨大地震を発生させる。

ちなみに、東日本大震災を発生させた原因は東北・関東沖の太平洋プレートだったのに対して、今回の主役はその西隣りにあるフィリピン海プレートである。いずれも深海底で誕生したプレートが何千キロメートルも水平に移動した最後に海へ沈み込む、いわばプレートの「旅の終着点」での出来事である。

ちなみに、太平洋プレートの終着点は「日本海溝」や「伊豆・小笠原海溝」であり、フィリピン海プレートの終着点は「南海トラフ」なのである（図1-4を参照）。

ここで海溝とトラフと異なる用語が使われているが、少しニュアンスが異なる。トラフの和訳は「舟状（しゅうじょう）海盆」で、舟の底のようにやや平たい海底の凹地形である。南海トラフではフィリピン海プレートが海底になだらかな舟底状の地形をつくりながら、西日本の陸地の下へ沈み込んでいく。一方、海溝とは、文字通り溝状に深く切り立った海底を表し、プレートがやや急勾配で沈み込んでいく場所にできる。

プレートをダイナミックな運動として捉えると、トラフと海溝はいずれもプレートが海底へ消え去る終着点にできる地形である。そして消え去る現象を地球科学では「プレートの沈み込み」と呼んでいる。すなわち、海の巨大地震の発生はすべて沈み込み運動を原動力としている。くわしく説明してみよう。

地震と津波はどうやって起きるか

海の巨大地震発生は、地球科学の基本理論、すなわちプレート・テクトニクスで説明され

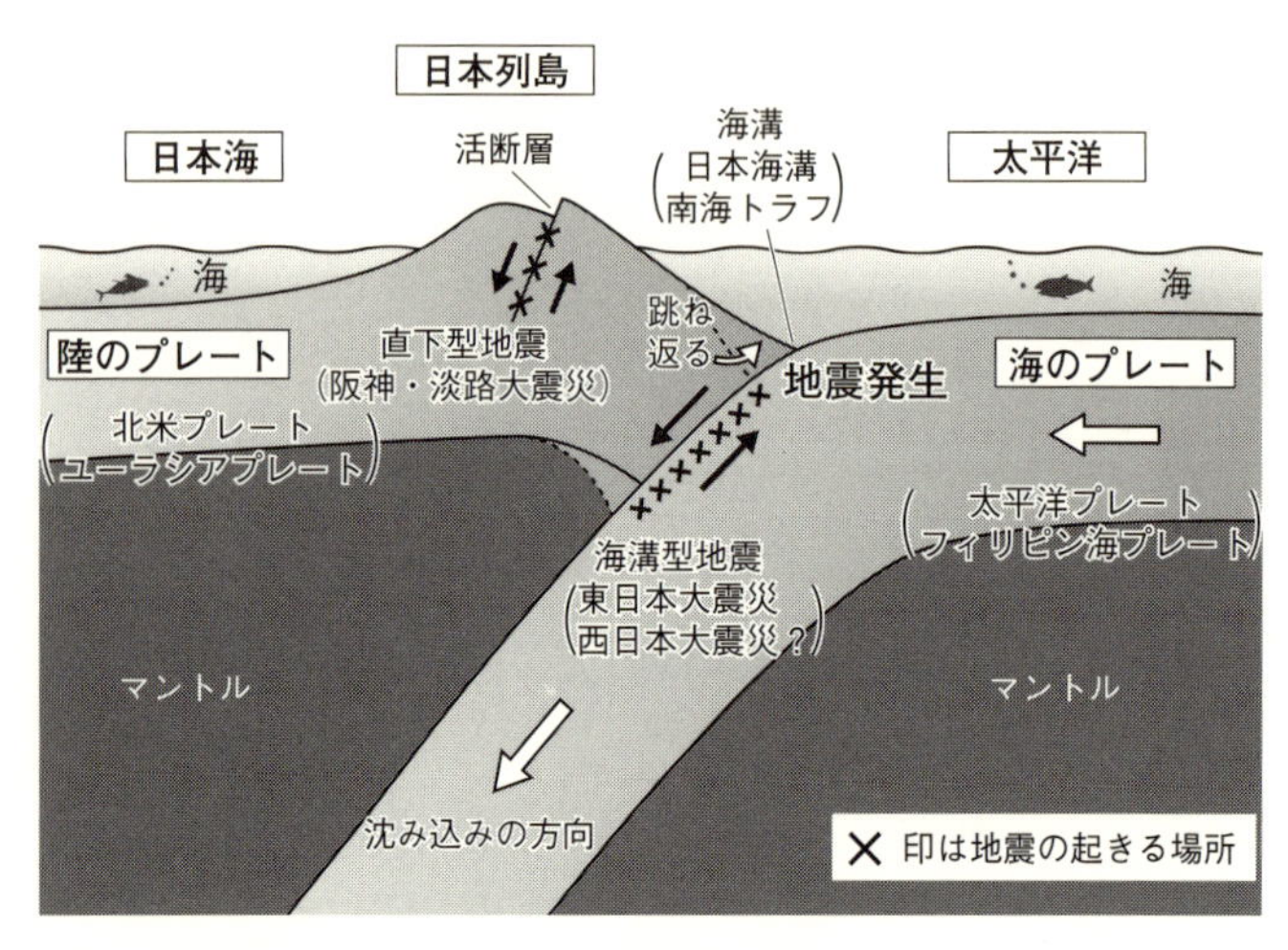

図 2-2　日本列島の地下の断面と地震が発生する仕組み

る。日本列島には太平洋から海のプレートが二枚押し寄せている(図1-4)。プレートは東から西に水平移動しているのだが、その速度が実際に人工衛星から観測されている。

太平洋プレートは一年当たり約八センチメートル、またフィリピン海プレートは約四センチメートルという非常にゆっくりとしたもので、人の爪が伸びる速さにほぼ等しい。

この際に海のプレートは陸のプレートの下にすんなりと沈み込むのではなく、陸地の下へ力ずくで無理やり押し込まれている。その結果、陸のプレートと海のプレートの境目で歪み(ひず)が蓄積される(図2-2)。

ここで岩石が耐えられる限界に達すると、限度を超えた接合部分から一気に壊れて、巨大地震が発生する（図2−2）。すなわち、岩盤が割れる際に放出されるエネルギーが地上に達して、激しい揺れを引き起こすのである。

海域での地震の直後には、海岸に巨大な津波が襲ってくる。東日本大震災では、二〇メートルを超える津波が東北地方の沿岸を襲い、陸を四〇メートル以上も遡上（そじょう）した。なお遡上とは、津波が平地から川を遡る（さかのぼ）現象をいう。

そもそも津波とは、海底の隆起によって大量の水が陸に押し寄せて、陸上を浸水する現象である。海上で表面がうねる波とは異なり、海底から海面までの水全体が巨大な「波の壁」として横方向に移動するのである。

津波はいつも海域の巨大地震とともに発生する。プレートの跳ね返りとともに海底が隆起し、付近の海水が急激に持ち上げられ、海面が数メートル以上も上昇する。これが最後に巨大な水の塊となって陸へ押し寄せるのである。

津波が移動する速さは、陸へ近づくに従って変化する。沖合では時速一〇〇〇キロメートルというジェット機並みの速度で移動するが、陸に近づいて水深が浅くなると数十キロメートルまで落ちる。その結果、後ろからやってきた波の壁が追いつき、津波の高さが一気に上昇する。

よって、沖合ではそれほど高くは見えなかった津波が、沿岸では巨大な波となって襲いかかる。こうした大津波の堆積物が西日本の太平洋岸で続々と見つかっており、図2−1で紹介した南海トラフ巨大地震の過去の記録に付け加えられている。

地震の発生時期

南海トラフ巨大地震は震源域が三つに分かれると述べたが、三者が短い間に活動すると三連動地震となる。この三連動では、それぞれ起きる順番が決まっている。最初に名古屋沖で東南海地震が発生し、次が静岡沖の東海地震で、最後に四国沖で南海地震が起きる。

これらを歴史上の年代で見てみよう。前回は東南海地震(一九四四年)が起きた二年後に、南海地震(一九四六年)が発生した(図2-1)。その前の回(一八五四年)は、同じ場所が三二時間、すなわち一日半ほどの時間差で活動した。また三回前(一七〇七年)には、三つの震源域が数十秒のうちに活動した。

また南海トラフ巨大地震が起きるおおよその時期が、過去の経験則やシミュレーションの結果から予測されている。先に結論を述べると、地震学者たちは二〇三〇年代には起きると予測しており、私自身も二〇四〇年までには確実に起きると考えている。

この数字がどうやって得られたかを見ていこう。地球科学で用いる方法論の「過去は未来を解く鍵」を活用する。まず、南海地震が起きると地盤が規則的に上下するという現象に基づいている。

南海地震の前後で土地の上下変動の大きさを調べてみると、一回の地震で大きく隆起するほど、そこでの次の地震までの時間が長くなる、という規則性がある。これを利用すれば、次に南海地震が起きる時期を予想できる。

具体的には、高知県室戸岬の北西にある室津港のデータを解析する。地震前後の地盤の上下変位量を見ると、一七〇七年の地震では一・八メートル、一八五四年の地震では一・二メートル、一九四六年の地震では一・一五メートル隆起した(図2-3)。

すなわち、室津港では南海地震の後でゆっくりと地盤沈下が始まって、港は次第に深くなっていく。そして、南海地震が発生すると、今度は大きく隆起した。その結果、港が浅くなって漁船が出入りできなくなったのである。このために江戸時代の頃から室津港で暮らす漁師たちは、港の水深を測っていたのだ。

図2-3で暦年の上に伸びている縦の直線は、その年に起きた巨大地震によって地面が隆起した量を表している。一七〇七年には一・八メートル隆起した。さらに、ここから右下へ斜めの直線が続いているが、これは隆起した地面が時間とともに少しずつ沈降したことを意味する。

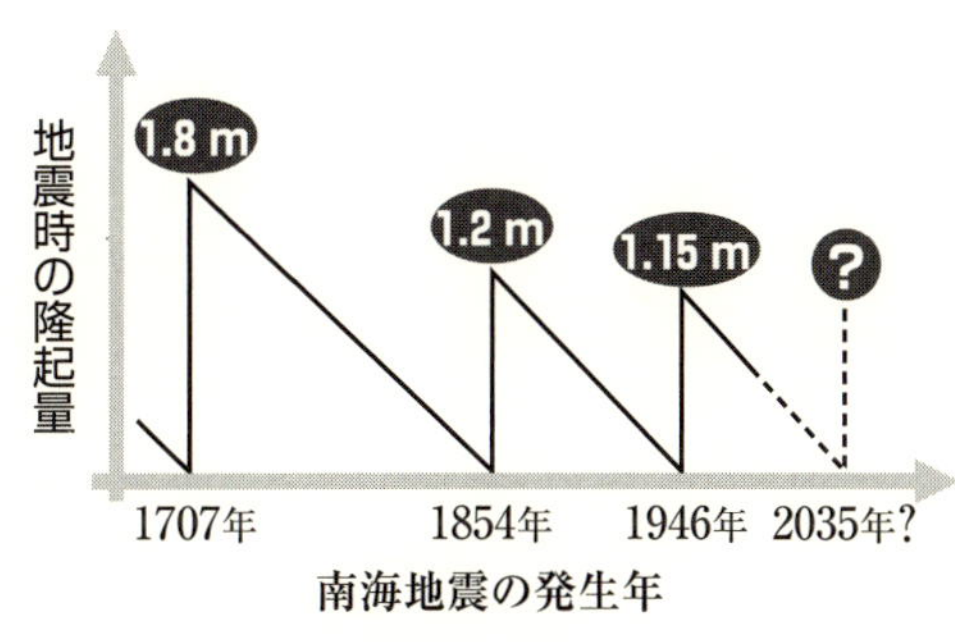

図 2-3　過去に南海地震が発生した年代と高知県室津港の隆起量との関係

その後、毎年同じ割合で低くなって、一八五四年に最初の高さへ戻ったのである。すなわち、一七〇七年にプレートの跳ね返りによって数十秒で一・八メートルも隆起した地盤が、一八五四年まで一四七年という長い時間をかけて元に戻ったのだ。

これと同じ現象は、一八五四年と一九四六年の巨大地震でも起きている。ただし、一八五四年には一・二メートル、一九四六年では一・一五メートルと、隆起量は少し異なる。

そして図2-3には重要な事実が隠れている。先ほど述べた右下へ続く斜めの線を見ると、一七〇七年から一八五四年まで、そして一八五四年から一九四六年までの二本の斜め線が平行になっているという点である。

これは巨大地震によって地盤が隆起した後、同じ速度で地面が沈降してきたことを意味する。こうした等速度の沈降が南海トラフ巨大地震に伴う性質である、と考えて将来に適用する。すなわち、一回の地震で大きく隆起するほど次の地震までの時間が長くなる、という規則性を応用すれば、長期的な発生予測が可能となるのだ。

この現象は海の巨大地震による地盤沈下からの「リバウンド隆起」とも呼ばれている。一七〇七年のリバウンド隆起は一・八メートル、また一九四六年のリバウンド隆起は一・一五メートルであった。そこで現在に最も近い巨大地震の隆起量一・一五メートルから、次の地震の発生時期を予測できる。

今後も一九四六年から等速度で沈降すると仮定すると、ゼロに戻る時期は二〇三五年となる（図2－3）。これに約五年の誤差を見込んで、二〇三〇年～二〇四〇年の間に南海トラフ巨大地震が発生すると予測できる。

繰り返される活動期と静穏期

もう一つ、内陸地震の活動期と静穏期の周期から、海で起きる巨大地震の時期を推定する方法がある。これまでの研究で、南海トラフで巨大地震が起きる六〇年ほど前から、日本列島の内陸部で地震が増加するという現象が判明している。事実、二〇世紀の終わり頃から内陸部で地震が増加している。

たとえば、一九九五年に阪神・淡路大震災を引き起こした兵庫県南部地震のあと、二〇〇四年の新潟県中越地震、二〇〇五年の福岡県西方沖地震、二〇〇八年の岩手・宮城内陸地震などの地震が次々に起きた。活動期と静穏期は交互に繰り返されることが分かっており、現在は活動期にある。

阪神・淡路大震災の発生は、内陸地震が活動期に入った時期に当たる。そして、南海トラフ巨大地震が発生する六〇年くらい前と、発生後一〇年くらいの間は、西日本では内陸の活断層が動き、地震発生数が多くなるのだ。

したがって、過去の活動期の地震の起こり方のパターンを統計学的に求め、それを最近の地震活動のデータに当てはめてみると、次に来る南海トラフ巨大地震の時期が予測できる。

地震活動の統計モデルから次の南海地震が起こる時期を予測すると、二〇三八年ごろという値が得られる。これは前回の南海地震からの休止期間を考えても、妥当な時期である。たとえば、前回の活動は一九四六年であり、前々回の一八五四年から九二年後に発生した。南海地震が繰り返してきた単純平均の間隔が約一一〇年であることを考えると、九二年はやや短い数字である。しかし、一九四六年の九二年後は二〇三八年なので、最短で起きる前提で準備するには不自然な数字ではない。こうして複数のデータを用いて求められた次の発生時期は、二〇三〇年代と予測される。

地震の被害想定

現在の地震学では「想定外をなくせ」という合言葉のもと、日本列島で起こりうる最悪の災害を予測している。南海トラフ巨大地震の規模はM9・1であり、二〇〇四年にインドネシアのスマトラ島沖で起きた巨大地震（M9・1）と同じである。この地震では高さ三〇メートルを超える巨大津波が発生し、インド洋全域で二五万人以上の犠牲者を出した。

国が行った南海トラフ巨大地震の被害想定では、海岸を襲う最大の津波の高さは三四メートルに達するとされる。また巨大津波が一番早いところでは二～三分後に襲ってくる。

東日本大震災と比べて津波の到達時間が極端に短い理由は、地震が発生する南海トラフが西日本の海岸に近いからである。地図を見れば分かるように震源域が陸上に重なっているのである(図2-1)。

その結果、地震としては、九州から関東までの広い範囲に震度6弱以上の大揺れをもたらす。特に、震度7を被る地域は、一〇県にまたがった総計一五一市区町村に達する。国の想定では、犠牲者総数が最大三二万人、全壊する建物二三九万棟、津波によって浸水する面積は約一〇〇〇平方キロメートルとされている。

南海トラフ巨大地震が太平洋ベルト地帯を直撃することは確実で、被災地域が産業や経済の中心であることを考えると、東日本大震災よりも一桁大きい災害になる可能性が高い。すなわち、人口の半分近い六〇〇〇万人が深刻な影響を受けるのだ。

経済的な被害総額に関しては、二二〇兆円を超えると試算されている。たとえば、東日本大震災の被害総額の試算は二〇兆円ほど、GDPでは四パーセント程度とされているが、南海トラフ巨大地震の被害予想が一〇倍以上になることは確実だ。ちなみに、二二〇兆円という被害総額は日本政府の一年間の租税収入の四倍を超える額に当たる。まさに、「西日本大震災」という状況になることが必至である。

ここで西日本大震災と書いたが、この言葉は私が発案した言葉であり、世間で認知されたものではない。通例、震災の名称は大災害が起きてから政府が閣議で決定する。たとえば、阪神・淡路大震災や東日本大震災は、こうして決められた。

二〇三〇年代に発生が予想される南海トラフ巨大地震はまだ起きていないので、震災名は付けられていない。といって、日本の屋台骨を揺るがす激甚災害が予測されることから、国は「南海トラフ巨大地震」という言葉で対策を進めてきた。

ところが、ここに問題があると私は考えた。いくら南海トラフ巨大地震と連呼しても、南海トラフがどこにあるのかを知らない一般市民が非常に多いのである。これは私自身が講演会に集まってきた聴衆に尋ねた経験からもそうだ。そもそも、「トラフ」という見慣れない言葉を使って防災を説いても、一向に伝わらないのである。

そこで私は思案した。東日本大震災であれば誰もが知っている。よって東を西に変えた「西日本大震災」という言葉であれば誰にもイメージがしやすく、南海トラフ巨大地震の代わりに良いのではないか。

実際、西日本大震災を引き起こす南海トラフ巨大地震のマグニチュードは9・1であり、東日本大震災のM9・0と規模がほぼ等しい。よって、「東日本大震災と同じような巨大地震が来るのです」と説明すると、聴衆は直ちに理解してくれる。その後、拙著のタイトルに用いた頃から次第に広まるようになった（『西日本大震災に備えよ』PHP新書）。

なお、被害総額の二二〇兆円およびGDPの四〇パーセントという数字は過小評価だと考える研究者も少なからずいる。というのは、後に述べるように、日本列島の半分近くが被災するような災害では、積み上げ式の被害想定をはるかに上回る被害となることが多々あるからだ。

したがって、西日本大震災は東日本大震災の総被害の「少なくとも一桁以上大きな災害」と考えるのが妥当ではないかと私は考える。ちなみに、私は講演会では「東日本大震災と同規模の地震。でも被害は一〇倍」と説明するようにしている。

一〇〇〇年ぶりの「大地変動の時代」

東日本大震災を起こした巨大地震は、今から一一〇〇年前の八六九年に東北地方で起きた貞観（じょうがん）地震とよく似ている。それだけでなく、一九六〇年以降に日本列島で起きた地震や火山噴火の発生地域と規模が、貞観地震が起きた九世紀とよく似ているのである。おそらく、日本列島は約一〇〇〇年ぶりの「大地変動の時代」に入ったと地球科学的にはみなすことができよう。

ここで九世紀の地震を記録した古文書や地層に残された津波の痕跡を見てみよう。九世紀前半の八一八年には北関東地震が発生し、八二七年の京都群発地震、八三〇年の出羽（でわ）秋田地震と直下型地震が続いた。その後、八四一年に信濃国地震と北伊豆地震が相次ぎ、八五〇年には出羽庄内地震、八六三年には越中・越後地震が発生した。

また九世紀には地震とともに火山噴火も頻発している。八三二年に伊豆国、八三七年に陸奥国鳴子（なるご）、八三八年に伊豆国神津島（こうづしま）、八三九年に出羽国鳥海山で噴火の記録が残されている。

九世紀後半になると、八六四年には富士山と阿蘇山が大噴火した。八六八年に播磨（はりま）地震と京都群発地震が発生し、八七一年に出羽国の鳥海山、八七四年に薩摩国開聞岳(かいもんだけ)が噴火した。そして東日本大震災に対応する八六九年の貞観地震の発生である。

その後の状況も見てみよう。貞観地震発生の九年後の八七八年には、相模・武蔵地震と呼ばれる直下型地震(M7・4)が関東南部で起きた。さらに九年後の八八七年には、仁和(にんな)地震と呼ばれる南海トラフ巨大地震が起きた。これはM9クラスの巨大地震で、大津波も発生した記録が残されている。そして、貞観地震発生の九年後と一八年後に起きた二つの地震が、二一世紀の災害予測に思わぬ意味を持ってくる。

二〇一一年に起きた東日本大震災に対して、単純に九世紀に起きた地震の間隔を足し算してみよう。二〇一一年の九年後に当たる二〇二〇年に関東南部、すなわち首都圏で直下型地震が起きる計算になる。

また、一八年後は二〇二九年となり、この頃に南海トラフ巨大地震が発生する計算となる。もちろん、こうした計算は単純に加算したものであり、実際に地震が起きるわけでは決してない。しかし、「過去は未来を解く鍵」の教えに従えば、東日本大震災を経過した日本列島がこうした状況にあることを念頭に置いておく必要はあるのではないか。

確率による発生予測

政府の地震調査委員会は、日本列島でこれから起きる可能性のある地震の発生予測を公表している。全国の地震学者が集まり、日本に被害を及ぼす地震の長期評価を行っている。

地震の発生予測では二つのことを予測している。一つ目は、「今から数十年間において、何パーセントの確率で起きるのか」である。既に述べたように巨大地震は海のプレートと陸のプレートという二枚の厚い岩板の間がずれる運動によって起きる。その際、ずれるたびに二枚のプレートとの境目にエネルギーが蓄積される。この蓄積が限界に達し、非常に短い時間で放出されると海底で巨大地震が起きるのだ。

プレートが動く速さはほぼ一定なので、巨大地震は周期的に起きる傾向がある。この周期性を利用して、発生確率を算出するのである。

二つ目の予測は、「どれだけの大きさ(マグニチュード)の地震が発生するのか」である。こちらは過去に繰り返し発生した地震がつくった断層の面積と、ずれた量などから算出される。

こうして今後三〇年以内に発生する確率予測が出されるのだが、これはコンピュータで計算するので誰がやっても同じ答えが出る。そして今後三〇年以内に大地震が起きる確率を随時、各地の地震ごとに予測している。逆に言うと、人間の判断が入る余地が生じないので、国としてはこうした情報を出したがるとも言えよう。

では、太平洋岸の海域で東海地震、東南海地震、南海地震という三つの巨大地震が発生する予測について具体的に見てみよう。これらが三〇年以内に発生する確率は、M8・0の東海地震が八八パーセント、M8・1の東南海地震が七〇パーセント、M8・4の南海地震が六〇パーセントと計算されている。

　三つの数字は毎年更新され、しかも少しずつ上昇している。そして三連動した場合に当たる南海トラフ巨大地震については、三〇年以内に七〇パーセント、一〇年以内に二〇〜三〇パーセントという数字を国は公表している。

「地震発生確率」では伝わらない

　実は、ここに大きな問題があると私は常々考えている。というのは、「三〇年以内に七〇パーセント」と言われてもピンとこないからだ。これは一般市民だけでなく私のような地球科学の専門家も同じなのである。

　ここで私はあることに気がついた。人は実際の社会では「納期」と「納品量」で仕事をしている。つまり、いつまでに（納期）、何個を用意（納品量）という表現でなければ人は動けないのではないか。

　たとえば、京都の和菓子屋に「三〇日以内に一〇〇個を七〇パーセントの確率で配達してください」と注文しても、一体いつまでに何個用意していいか分からない。日常の感覚では「三〇日後に七〇個届けてください」と頼むのが普通である。私もそうだが人は日常、確率では暮らしていない。だから納期と納品量という形で表記しないと腑に落ちないのである。

　よって、必ず起きる南海トラフ巨大地震について、別の表現を用いて伝えなければならない。私は納期と納品量の視点で以下のように書き換えてみた。

すなわち「南海トラフ巨大地震は約二〇年後に襲ってくる」「その災害規模は東日本大震災より一〇倍大きい」の二項目である。そして講義でも講演会でも、私はその二つに絞って伝えてきた。専門家は、市民が日常感覚で理解できるこの二項目をしっかり認識してもらうことから情報提供し始めなければならない、と考えるからである。

こうした課題は、ビジネスの現場とも直結している。というのは、企業が事業継続計画(Business continuity planning、ＢＣＰ)を立案するかどうかのモチベーションに関わっているからだ。

この中身は、地震の被災後になるべく早く仕事を再開するため、何をどういう順番で行うかを事前に計画する作業である。ところが、三〇年以内に七〇パーセントの地震発生確率と言われてもピンとこないので、事業継続計画があまり進んでいないという現実がある。

特に、南海トラフ巨大地震によって六〇〇〇万人が被災すると、近隣地域から救助と援助に駆けつけられないという事態が生じるのだ。すなわち、レスキューとサプライの両方が停止する恐れがある。したがって、「その一、約二〇年後。その二、東日本大震災の一〇倍の被害」と情報を二項目に簡素化すれば、企業も本気でリカバリー計画を立案する気になる。

実は、ここには我々専門家の「完璧主義」という意識上の問題がある。地震発生確率の表示は確かに正確だが、それでは市民は動かない。専門家が学術的に正しいことに拘泥(こうでい)するあまり、肝心の情報が伝わらないのだ。極論すれば、地震発生確率は学者の論理の押しつけで、一般の人には適さないのではないだろうか。

ここで専門家には、「不完全である勇気」が必要となる。専門家が完璧であろうとすると、一番大切な情報がスッポリ抜けてしまう。重要なのは「相手の関心に関心を持つ」というコミュニケーションの基本原理である。伝えたい相手は誰かをよく考えて、市民の関心に関心を持ち、伝えるべき情報を厳選しなければならない。

私が二項目に簡略化して市民に伝えると、同僚の専門家から「それでは正確でない」というクレームが付くことがよくある。しかし、市民の関心に合わせて情報を伝えないと、専門家が行った努力は無に帰することに、私の同僚たちは気付いていない。

我々は東日本大震災で「想定外」の事態を起こしてはならないと学んだ。多くの地球科学者が南海トラフ巨大地震が今世紀の半ばまでには必ず発生すると発言しているが、阪神・淡路大震災の前夜と同様に、「身近に起きること」として伝わっていないのだ。よって、二項目に絞って伝える方法論を本書では提案したいのである。

「二〇年後の手帳」に

私は京都大学で学生たちに「自分の年齢に二〇年を足してごらん」と言う。二〇歳前後の彼らは、四〇歳くらいで南海トラフ巨大地震に遭遇する。多くが社会で中堅として働いており、家族や子どもがいるかもしれない。そういう中で日本の国家予算の数倍に当たる激甚災害が起き、半分近い人口が被災することをリアルに想像してもらうのである。

その際に「手帳に二〇年先のスケジュールを記入する想像をしてほしい。二〇年手帳の二〇年目に、南海トラフ巨大地震発生と書き込んでみよう」と語りかける。さらに「その時に向けて、君たちは何をしたらこの日本を救えるかを考えてほしい。そのため現在、何を勉強すべきかを逆算して考えてみよう。それが君たちのノーブレス・オブリージュ(高い地位に伴う道徳的義務)なのだよ」とも言う。すなわち、まず自分自身が生き延び、さらに他者へ貢献できることを考えて日本蘇生に力を貸してほしい、と毎年の講義で訴えるのである。

市民向けの講演会でも同様である。二〇年後の「心の手帳」に二項目を書き込んでいただき、お子さん、お孫さん、友人、会社の同僚、地域のコミュニティーなど、自分の周囲にいるできるだけ多くの人に伝えていただきたい、と話す。

さらに企業向けの事業継続計画でも構造は同じだ。二〇年先を見越した長期計画として、本社や工場の耐震補強、津波対策、インフラ整備、工場移転、人員配置、本社機能のバックアップなどの計画を今から開始するように勧める。

こうして「自分の身は自分で守る」考え方と、「二〇年後に東日本大震災の一〇倍の被害」が口コミでどれだけ広まるかで、国が想定している被害の八割まで減らすことが可能になるのだ。たとえば、住宅の耐震化率を高めれば倒壊による死者数を八割減らすことができる。

また、既存のビルを津波避難用に活用し、地震発生から一〇分以内に避難を始めれば、津波による犠牲者数を想定の二割まで減らせるデータもある。

こうした様々な方策が、「オールジャパン体制」で行う南海トラフ巨大地震対策の要になる。そして私が、書籍・雑誌・テレビ・ラジオ・インターネットなどさまざまなメディアを通じて厳選された情報を伝えようとする理由は、市民にとって「身近に感じる」ことこそが八割減らすポイントになると考えるからである。これに関しては、改めて第7章でくわしく論じることにしよう。

3　活断層と首都直下地震

東日本大震災の発生直後から、太平洋沖のこの地震の震源域とは離れた地域で地震が頻発している。東日本大震災は発生した日時から「3・11」と呼ばれることがある。「3・11」以後に増えた地震は典型的な内陸性の「直下型地震」で、地面の下の浅いところで岩盤が割れて発生したものだ。

地下一〇キロメートルより浅い場所で起きるため、地震そのものの規模はさほど大きくないにもかかわらず、地表には強い揺れが到達する。一九九五年に関西で起きた阪神・淡路大震災の状況がそうであったが、突然地震に襲われるため逃げる暇がほとんどない。建物が壊れたり裏山が崩落したりして、たくさんの犠牲者が出るタイプの地震だ。

こうした直下型地震は、日本列島の陸上に数多くある「活断層」の地下で起きる。活断層とは断層の中でも活きているもの、すなわち今後も活動する断層をいう。断層は日本列島の岩盤に満遍なく走っている。

その断層の中でも過去に周期的に動いた記録を持ち、さらに将来も活動しそうな断層を選んで活断層と呼んでいる。陸のプレートに加わる巨大な力が、地下の弱い部分の岩盤をずらして断層をつくり、このずれが地表まで達すると活断層となる。

第1章で取り上げた布田川断層帯と日奈久断層帯もその例だが、本章ではさらに活断層を定量的に解説してみよう。

繰り返し動く活断層

活断層は何十回も繰り返して動く特徴を持ち、そのたびに周期的に地震を起こす。その周期は一〇〇〇年から一〇万年に一回ほどであり、人間の尺度と比べると極めて長いのでイメージしにくい。日本列島には絶えず水平方向に力が加わっているので、どこかでいったん解放されて地震が起きる。ところが、その「どこか」とは「日本の国土すべてである」と言っても過言ではない。

阪神・淡路大震災を引き起こした原因は淡路島に露出する野島断層で、約二〇〇〇年の周期で何十回も規則正しく動いてきた。特に、将来も活動するかどうかの基準は、今から一二万〜一三万年前以降に断層が動いたかどうかで判定する。

そもそも地球上では断層が一度だけ動いて、その後はまったく動かないということはない。すなわち、一回動いた記録がある断層は過去に何十回も動いてきたし、将来も何十回も動く。およそ人間が普通にイメージできる時間軸が一〇〇年ほどであるのに対して、活断層は一〇万年のスケールで活動していることを最初に理解していただきたい。

再び、日常感覚から遠い時間軸だが、専門家はこうした活断層をいくつかのスケールに区切ることでうまく定量化する。まず活断層の性質として、長いあいだ動かなかった断層は将来もあまり動かない。その一方、最近までよく動いてきた断層は今後も頻繁に動くという事実がある。

このような活動の「せわしなさ」に対して、地球科学者はA級活断層、B級活断層、C級活断層というランク分けを行った。何でも物事は分類するとイメージしやすくなるからだ。

活断層の区分

活断層は一〇〇〇年間にどれくらい地面をずらしたかを軸に区分されている。具体的には、A級活断層とは「一〇〇〇年間に一メートル以上」ずれたものである。また、B級活断層は「一〇〇〇年間に一〇センチメートル以上」ずれたもの、C級活断層は「一〇〇〇年間に一〇センチメートル未満」ずれたもの、とそれぞれ定義されている。

ずれが一メートル以上のA級活断層の例としては、一八九一年に濃尾地震を起こした根尾(ねお)谷(だに)断層や、四国の中央構造線がある。ちなみに、日本人初の地質学教授となった東京帝国大学の小藤(ことう)文次郎(一八五六—一九三五)は、濃尾地震の直後に根尾谷断層の貴重な写真を撮影し論文に収めた。

A級活断層の代表例とされる根尾谷断層は、後に国指定の特別天然記念物となり、現在では岐阜県本巣市の「地震断層観察館」で保存展示されている。

次に、ずれが一メートルまでのB級活断層の代表は、野島断層を含む六甲-淡路断層帯である。さらに、ずれが一〇センチメートル未満のC級活断層は、実は日本中の至る所にあるが、一九四三年に鳥取地震を起こした鹿野（しかの）断層などが挙げられる。

その後、ここに挙げた「ものさし」では足りないと、「AA級活断層」というのも定義されている。これは「一〇〇〇年間に一〇メートル以上」も地面をずらしたもので、第2章で述べた南海トラフ巨大地震を引き起こす南海トラフ断層がその代表例である。

くわしく調査した結果、日本列島には活断層が周辺の海域も含めて二〇〇〇本以上存在することが判明した。すなわち、どの都道府県にも活断層がない所はまったくないのである。その中でも、特に大きな地震災害を引き起こしてきた約一〇〇本の活断層の動きが、地球科学者によって観測・注視されている。

内陸地震が誘発される

東日本大震災の後、内陸部で活断層が動き出す兆候が出はじめた。過去の日本列島では巨大地震の発生後に、直下型地震が増加した例が数多く報告されている。具体的に見てみよう。

一九四四年に名古屋沖で昭和東南海地震が起きた一カ月後に、愛知県の内陸で直下型の三河地震が発生した。三河地震はM6・8という大型の地震で被害も甚大だったが、太平洋戦争の最中であったため国民の戦意低下を恐れた軍が厳しい報道規制を行い、被害の規模など詳細は伏せられた。

また、一八九六年に東北地方の三陸沖で起きた明治三陸地震の二カ月半後に、秋田県と岩手県の県境で陸羽（りくう）地震が発生した。M8・5を記録した明治三陸地震は巨大津波を発生し、一万戸以上の家屋が全壊・流失して二万人を超える犠牲者が出た。その後に起きた陸羽地震はM7・2の直下型地震で震源に近い建造物の四割以上が全壊した。

三河地震と陸羽地震はいずれも海で巨大地震が発生した後に、何百キロメートルも離れた内陸で起きた直下型地震だった。すなわち、海溝型の巨大地震が内陸の直下型地震を「誘発」したものである。

同様のメカニズムで、東日本大震災の発生によって離れた地域の地盤にかかる力が変化し、長野県北部地震をはじめとする内陸性の直下型地震が直後から頻発した。専門家の予測では、今後も日本列島の広範囲でM6〜7クラスの地震が数十年という単位で誘発される恐れがある。そして直下型地震の中で最大の懸念が、いつ起きてもおかしくないと言われる「首都直下地震」である。

東日本大震災の発生以来、首都圏では有感地震が頻繁に起きている。首都圏をなす東京・埼玉・千葉・神奈川の一都三県には、日本の全人口の三割以上が集まり、名目GDPでも日本全体の三二パーセントにも達する。

実は、この巨大都市圏では、まったく異なる四つのタイプの地震が、それぞれ別個の時計をもって動いて破壊的な災害を起こす、と予測されている。以下でくわしく解説しよう。

四つの巨大地震が首都を襲う

最初に、首都圏の地下の様子を見てみよう。前章まで日本列島は四つのプレート(岩板)がひしめいているという話をしたが、そのうち首都圏の地盤には三枚のプレートが関わっている(図3-1)。

首都圏は北米プレートという陸のプレートの上にあるが、その下にフィリピン海プレートという海のプレートがもぐり込み、さらにその下には、太平洋プレートという別の海のプレートがもぐり込んでいるのだ。こうしたプレートの境界が一気にずれたり、また地下の岩盤が大きく割れたりすることで、様々なタイプの地震が発生する。

なお、図3-1は内閣府が作成した首都圏の地下構造モデルで、五タイプの地震の震源が示されている。そのうち近い将来起きる首都直下地震として特に懸念されるのは、本節で述べる四タイプの地震である。

国の中央防災会議は、首都直下で発生する地震を具体的に予想し、四つのタイプに分けた。最初のタイプは「東京湾北部地震」と呼ばれるもので、M7・3の直下型地震が起きる。簡単に言うと東京の下町付近の地下で起きる地震であり、東京二三区の東部を中心に激しい揺れをもたらす。

この地域はもともと地盤が弱いので、地盤が比較的良い東京の西部地域とは違って建物の倒壊などの大きな災害が予想される。その結果、沿岸域を中心に震度6強の揺れに見舞われると想定されている。

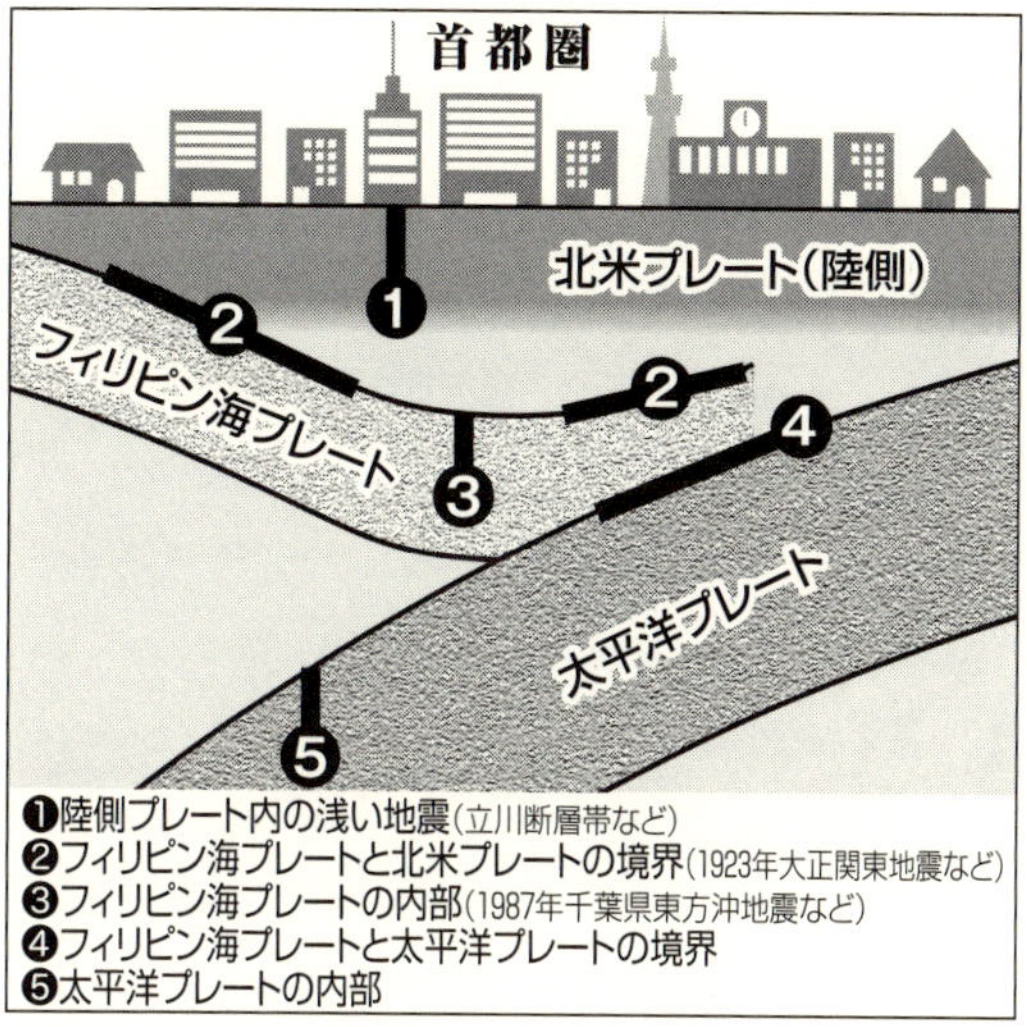

首都圏
北米プレート（陸側）
フィリピン海プレート
太平洋プレート
❶陸側プレート内の浅い地震（立川断層帯など）
❷フィリピン海プレートと北米プレートの境界（1923年大正関東地震など）
❸フィリピン海プレートの内部（1987年千葉県東方沖地震など）
❹フィリピン海プレートと太平洋プレートの境界
❺太平洋プレートの内部

図 3-1　首都圏の地下にある３枚のプレートと想定される地震の震源（内閣府による）

その後、東京湾北部地震はこれまでの想定を上回る「震度7」の揺れが起きることが判明した。というのは、地震を起こす震源が、以前の想定よりも一〇キロメートルほど浅い地下二〇〜三〇キロメートルにあることが判明したからだ（図3-1の境界❷）。震源が浅くなれば、同じ規模の地震でも地上ではさらに大きく揺れる。よって、地盤が軟弱な東京二三区の海沿いと多摩川の河口付近では震度7が想定された。

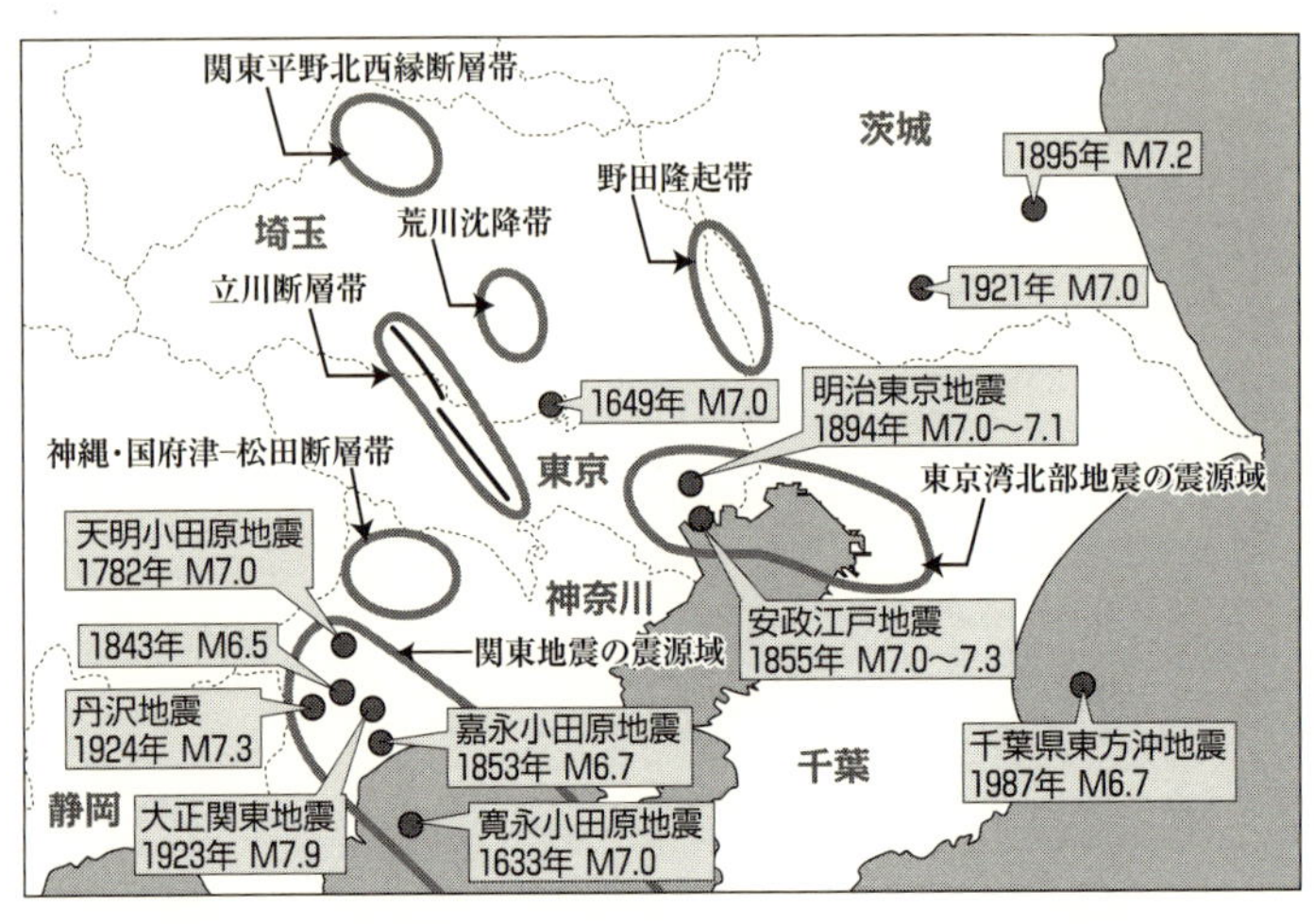

図 3-2　首都圏周辺の活断層と過去に起きた大地震の震源

東京湾北部地震は、江戸時代にも起きたことがある。幕末の一八五五年に東京湾北部で安政江戸地震（M７・０）が発生し、四〇〇〇人を超える犠牲者を出した（図３−２）。こうした「過去に起きた負の実績」から、将来起きるとされる東京湾北部地震の被害想定の数字が出されている。

震度7の世界

政府は冬の夕方六時に都心南部を震源として発生する場合を最悪のケースと考え、首都直下地震の被害想定を行った。それによれば犠牲者二万三〇〇〇人、全壊・焼失建物六一万棟、経済被害一一二兆円とされている。また、死者総数の七割に当たる一万六〇〇〇人は火災が原因で死亡する。

また、約七二〇万人が避難し、そのうち

四六〇万人が避難所生活を余儀なくされる。ちなみに、東日本大震災時に震度5強を被った東京周辺では、五一五万人の帰宅困難者が発生したが、震度7でどれほど過酷な事態に至るかは想像もつかない。

地震が収まった後のライフラインや交通への影響も甚大である。上下水道や電気の停止が長期化し、一般道では激しい交通渋滞が数週間ほど継続する。鉄道は一週間から一カ月程度にわたり運行できないだろう。加えて食料や水などの生活物資とガソリンや灯油などが不足した非常事態が続くと想定される。

特に、震度7がどういう状況をもたらすかがあまり知られていないのは、非常に危険である。震度の階級では7が最大であるが、その揺れは震度6強とは大きく異なる。震度6強では固定していない家具が転倒するが、震度7ではピアノやテレビが空中を飛んで壁に激突する。人は震度7の中ではまったく動くこともできず、ただうずくまっているだけである。

震度7が来ると耐震補強のない木造住宅の多くは、一〇秒ほどで倒壊する。震度6強と比べると倒壊する建物は約五倍に増えるが、特に一九八一年に建築基準法が改正される前に造られた建物が危ないのだ。

一九八一年以後にできた建物は阪神・淡路大震災や東日本大震災でもほとんど倒壊しなかった。そして震度7では倒壊率は急上昇するのだ。具体的には、一九八一年以前に建てられた建物の六割以上、また一九六一年以前に建てられた建物の八割以上が震度7で全壊すると試算されている。

埋もれた活断層による直下型地震

首都圏を襲う直下型地震で二番目に懸念される地震のタイプは、関東平野の陸上にある「活断層」が動くものである(図3-1の境界❶)。東京都府中市から埼玉県飯能市にかけて、長さ三三キロメートルの「立川断層帯」がある(図3-2)。ここで予想される地震の規模はM7・4で、東京西部の人口密集地帯を大揺れが襲うと六三〇〇人の死者が出ると予想されている。

立川断層帯で今後三〇年以内に地震が発生する確率は〇・五〜二パーセントである。これは、一生のうちに台風(〇・五パーセント)や火災(二パーセント)で被害を受ける確率と近い。

また、立川断層帯は一万年から一万五〇〇〇年の周期で動いてきたが、最後に動いた時期は二万年前から一万三〇〇〇年前である。地質学者が懸命に調べても、地下の現象はこうした誤差を含んだ状態でしか分からないものである。

立川断層帯は最後に大地震を起こしてから一サイクルの周期が過ぎているように見える。銀行預金にたとえれば、「満期」に近い状態で、いつでも下ろせる状態なのである。

東日本大震災以来、内陸にある活断層の活動度が高まっている。というのは、日本列島全体の地盤が東西方向へ引っ張られるようになったからだ。つまり、以前とは異なる余分な力が地面にかかるようになったため、首都圏の活断層も動きやすくなったのである。

首都圏では活動が高まった活断層は他にもある。神奈川県横須賀市にある「三浦半島断層群」は、三〇年以内の地震発生確率が六〜一一パーセントになった。ガンでの死亡(六・八パーセント)や交通事故で負傷(二四パーセント)する確率と比べると、どのくらいのものか見当がつくだろう。

三浦半島断層群の中にある武山(たけやま)断層帯は、一六〇〇〜一九〇〇年の周期で動いてきたが、最後に動いた時期は二三〇〇年前から一九〇〇年前である。すなわち、立川断層帯と同様に、こちらも「満期」の状態とみなしても差しつかえない。この他にも、「都心東部直下地震」、「千葉市直下地震」、「さいたま市直下地震」、「横浜市直下地震」(いずれもM6・9)など一八パターンの地震が首都圏で想定されている。

さらに、首都圏北部の地下で新しく活断層が発見された。埼玉県南部の「荒川沈降帯」では長さ一〇キロメートルの断層が、また千葉と埼玉の県境にある「野田隆起帯」でも同規模の断層が埋もれている調査結果が出た(図3-2)。

いずれも八万年前以後に活動したもので、首都直下地震の要因の一つになりうる。これらは地震波を使って地下の状態をくわしく調べた結果判明したもので、沖積層(ちゅうせきそう)という軟らかい地層に広く覆われている首都圏は、調査をすればするほど埋もれた未知の活断層が見つかってくる。

大事なポイントは、こうした活断層が動く日時を前もって予知することは、現在の地震学ではまったく不可能だということである。いわば「ロシアンルーレット」の状況にあるのだが、いつ何時に不意打ちにあっても不思議はないと覚悟して首都圏に住まなければならない。

関東大震災を引き起こしたタイプ

首都圏に壊滅的な被害をもたらす地震の第三は、大正時代の関東大震災を引き起こしたタイプの「海の巨大地震」である。一九二三年に起きた大正関東地震(M7・9)の再来が心配されている。

先に述べた直下型地震とは異なり、房総半島と伊豆大島の間を境とする二つのプレートがずれることによって発生する(図1-4を参照)。すなわち、陸のプレートである北米プレートの下に、海のプレートであるフィリピン海プレートがもぐっている箇所がずれるのである(図3-1の境界❷)。

この海底に「相模(さがみ)トラフ」という谷状の地形があるが、巨大地震を周期的に起こす元凶である。このタイプの地震が海底で起きると、最大二・三メートルの津波が東京湾に押し寄せ、沿岸域では激しい液状化が起きると予想される。

相模トラフは大正時代に関東大震災を起こしただけでなく、一七〇三年に元禄関東地震(M8・2)を起こした。一万人以上の死者を出し、江戸の元禄文化に大きな打撃を与えた巨大地震である。この地震では、鎌倉に高さ八メートル、品川に高さ二メートルの津波が押し寄せた。

近年の研究で、房総半島の東側の沖合でも巨大地震が繰り返し起きていたことが判明し、「外房型」の巨大地震として、首都圏に揺れと津波の両方をもたらす可能性が高いことが分かってきた。

今後、こうした第三のタイプの巨大地震が発生すると、東京湾に浸入した津波は、地震で破壊された堤防の隙間をぬって海抜ゼロメートル地帯を襲うだろう。現在の都心には網の目のように地下鉄が通っているので、浸水対策が急がれるのである。

東海地震も首都圏を襲う

首都圏に大被害をもたらす第四のタイプは、数十年前から問題になっている東海地震である。こちらは一〇〇～一五〇年の周期で発生しているが、前回の安政東海地震(一八五四年)から既に一六〇年以上過ぎている(図2-1を参照)。

これこそ「満期」と言ってよい巨大地震だが、東海地震では津波の被害を考えなければならない。西向きに湾が開いている東京湾内に到達する津波は最大一・四メートルとなり、満潮時だと二・四メートルの津波が襲ってくる可能性がある。

東海地震は単独で起きても九二〇〇人の死者、三七兆円を超える経済被害と試算されていたが、第2章でも述べたように東南海地震・南海地震と連動して、M9・1の南海トラフ巨大地震となることが分かってきた。

東海地震は耐震性の低い建物を倒壊させるだけでなく、「長周期地震動」によって超高層ビルが何十分も大揺れする恐れがある。遠方で大きな地震が起きた場合には、長周期のユラユラ揺れる地震波が到達するため、予想外の被害が発生する。

たとえば、東日本大震災では、震源から七〇〇キロメートル離れた大阪府の五五階建てのビルが長周期の地震に共振し、最上階は二・七メートルも横に揺れた。また、最大で震度5強の揺れを観測した首都圏では、超高層ビルがしなるように大きく揺れ、室内の家具が六〇センチメートル動いて転倒した。

さらに、このタイプの地震は大都市圏の海岸沿いにある石油タンクに大きな被害をもたらす恐れがある。液体の石油と地震波が共振して大揺れが発生し、石油タンク火災といった重大事故が起きるのだ。近い将来、東海地震の長周期地震動が首都圏にもたらす揺れは、東日本大震災時に発生した揺れの三倍程度になると想定されている。

火災旋風と地盤の側方流動

日本はこれまで様々な大震災を経験してきたが、被害の内容は地震ごとに大きく異なる。たとえば、一九二三年の関東大震災では犠牲者の九割が地震後に起きた火災で亡くなった。

また、阪神・淡路大震災では、八割が地震直後に起きた建物の倒壊によって亡くなり、そして東日本大震災では九二パーセントが巨大津波による溺死だった。

首都直下地震の問題は、強震動による建物倒壊など直接の被害に留まらず、火災をはじめとする複合要因によって巨大災害となる点にある。被害予測図を見ると、下町と言われる東京二三区の東部では、地盤が軟弱なために建物の倒壊などの被害が強く懸念される(図3-3の上)。

これに対して、二三区の西部は東部に比べると地盤は良いが、木造住宅が密集しているために大火による災害が想定される。こうした地域は「木造住宅密集地域」(略して木密地域)と呼ばれ、防災上の最重要課題の一つとなっている。たとえば、環状6号線と環状8号線に挟まれている、幅四メートル未満の道路に沿って古い木造建造物が密集する地域が、最も危険とされている(図3-3の下)。

地震直後には至る所で火災が発生し、短時間に燃え広がる。その後、上昇気流によって竜巻状の巨大な炎を伴う旋風が発生するのだ。「火災旋風」と呼ばれるものだが、大都市の中心部ではビル風によって次々に発生し、地震以上の犠牲者を出す恐れがある。

こうなると事実上、消火活動は不可能となってしまう。東京都は首都直下地震が起きた場合に最大で八一一件の火災が発生し、火災による死者が四〇〇〇人を超えると想定している。

もう一つの問題は、首都圏の脆弱(ぜいじゃく)な地盤が、強震による被害をさらに増大させることであ

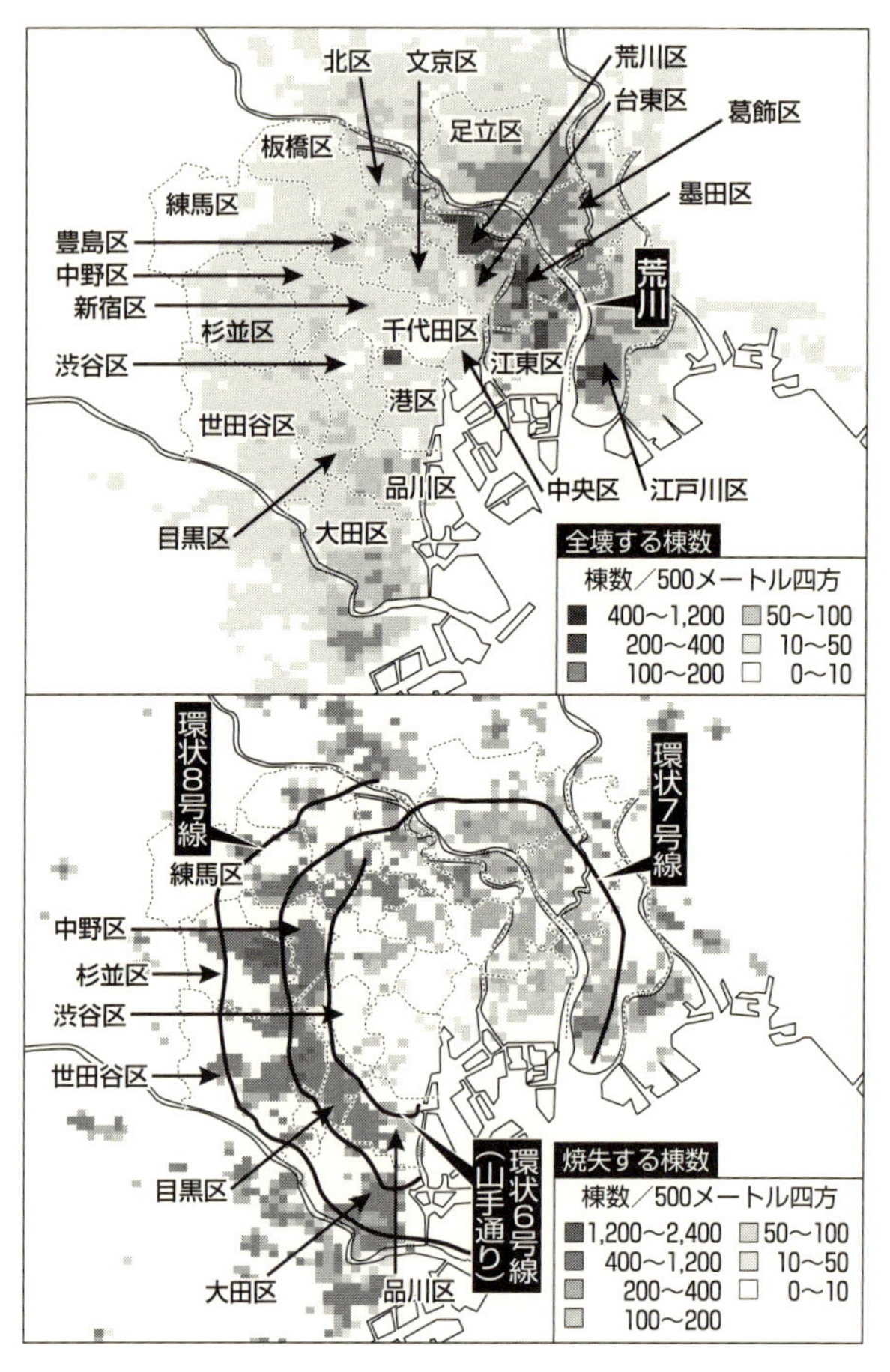

図 3-3　首都直下地震による全壊棟数(上)と焼失棟数(下)の分布(内閣府による)

る。たとえば、葛飾区や江戸川区の地下には、沖積層と呼ばれる若くて軟らかい地層が厚くたまっている。こうした沖積層は水分を多く含むためたちまち「液状化」を起こし、泥水を噴き上げて田圃（たんぼ）のようになるのだ。

ここで液状化について簡単に説明しておこう。地面は砂粒・水・空気などでできており、普段は砂粒がかみあって安定している。ところが地震によって強く揺すられると、砂粒のかみあいがはずれてバラバラになる。この結果、砂粒が沈んで、砂まじりの水が噴き出してくるのである。

これを地面の裂け目から噴き出すことから「噴砂」と呼ぶが、揺れの直後から発生する。液状化は海岸や川のそばの地盤がゆるい場所で起き、建造物を傾かせ地盤沈下を起こす。また、マンホールなど地中に埋設されたものが地上に浮き上がり、道路が使えなくなる。

さらに、強度を失った地盤は、地形の微傾斜にそって横方向へずるずると大規模に流動することがある。「地盤の側方流動」という極めて破壊的な現象であるが、これによって建物ごと何十メートルも水平にゆっくりと移動するのである。

下町の海抜ゼロメートル地帯では、地盤の側方流動によって川の堤防がズタズタに決壊するだろう。浸入した水は低所を目指して一気に流れ込むので、一刻も早く高所へ避難しなければならない。こうした被害予測は東京都や内閣府の防災ホームページでハザードマップ（災害予測図）として公表されているので、ぜひ確認していただきたい。

図3-4　1755年に発生したリスボン大地震の被災状況を描いた版画．震災後に廃墟と化したリスボン市街が描かれている（ウィキメディア・コモンズによる）

一八世紀のリスボン大地震

「大地変動の時代」に突入した日本は、様々な面で大きな転換を強いられている。その一つは「長尺（ちょうじゃく）の目」への思考転換である。こうした際に参考になるのは歴史的な事件の研究であり、過去の大災害から復興した例である。

一八世紀にポルトガルの首都リスボンは甚大な地震と津波の災害を被り、その後の国家の運命が大きく変わってしまった。契機となったのは一七五五年に起きたリスボン大地震と呼ばれる破局的な災害で、この地震は六万以上の犠牲者をもたらした（図3-4）。

一七五五年一一月一日に三個の大地震が発生し、ヨーロッパ西部のポルトガル、スペイン、イタリア、フランスとアフリカ北部のモロッコなどが大きな揺れに襲われた。

リスボンでは九割近い建造物が倒壊して、二万人が建物の下敷きになって死亡した。地震によって市内には大きな亀裂が何カ所にもできたのだ。地震が発生した一一月一日はキリスト教の「万聖節」であり、多くの市民が教会に集まり祈りの最中であった。その教会自体が倒壊したため、予想外に多い犠牲者が出たのである。

建物の倒壊からまぬがれた市民たちは、港の周辺にある空き地に集まってきた。ところが、その直後に海は沖へ引いていき、やがて高さ一五メートルの津波が襲ってきた。津波はリスボン市内を押し流し、さらに川を遡り一万人の犠牲者が出た。

また、地震と津波のあとには市内の各所で火事が起き、消防機能を失ったリスボンでは一週間も鎮火できずに広範囲を焼き尽くしてしまった。首都リスボン以外にもポルトガル全土が甚大な被害を被ったとされている。

リスボン大地震の大きさは、M８・５と推定されている。ちなみに地震の原因は、ヨーロッパとアフリカが接近したジブラルタル海峡西方の海底にある活断層が動いたことによる。その原動力は、アフリカプレートがユーラシアプレートに衝突する巨大な力を元とする。津波の規模は非常に大きく、ポルトガル南西部では三〇メートル、北アフリカ沿岸では二〇メートルの津波が襲来し、遠く離れたイギリスでも三メートルの津波が記録されている。

リスボン大地震の影響

リスボン大地震はヨーロッパ近世で最大の地震災害をもたらしたのみならず、当時の西欧人の考え方に大きな影響を与えた。地震発生の日がキリスト教の祭日であり、教会に集まった人たちが建物の倒壊により多数犠牲となったことから、神学的世界観に疑問が出される契機となったのである。

それまでは、この世は神が創造した最善の世界であるという考え方が主流であった。これは「弁神論」と呼ばれるもので、ドイツの哲学者ライプニッツ（一六四六―一七一六）などによって確立された楽観的な世界観である。

それに対してフランスの啓蒙思想家ヴォルテール（一六九四―一七七八）は、最も敬虔な人たちが災害に遭遇したことを取り上げ、神は最善の世界を造ってはいないのではないか、と疑問を投げかけた。彼は小説『カンディード』（一七五九年）に当時の状況を風刺的に描き、ライプニッツの弁神論を否定する論調を広めた。

また、フランスの思想家ルソー（一七一二―一七七八）は、過密な都市に居住すること自体が大災害の原因となったと考え、ヴォルテール宛てに公開書簡を出した。ルソーは、自然界が人間に対してもたらす災害よりも、人間が引き起こす災害のほうが大きいのではないかと論を進め、「自然に還れ」という主張を展開した。

一方、ドイツの哲学者カント（一七二四―一八〇四）は、リスボン大地震を契機に地震の成因について思索を巡らした。そして大地震は神が起こしたものではなく、地下深部の何らかの現象によって起きたという説を出したのである。彼は地震について三編の論文を書き、ここから近代地震学が誕生した。

さらにカントは、巨大な力を発揮する自然に対する人間の能力に関する考察を進めた。自然は人がまったく手を出せない荒れ狂う力を持つが、その自然に対して人間は冷静に観察する理性を持っている。津波など破滅的な現象に対しても、単に恐れるだけでなく理性を行使することによって、災害から逃れることが可能である、と論を展開した。

こうしてカントは、旧来の神学的な世界観が近代科学に基づく合理的な世界観で置き換えられる萌芽をつくった。その結果、人間の能力に依拠する価値観が次第に広まっていった。他にも、リスボン大地震についてはドイツの文豪ゲーテ(一七四九—一八三二)が著作『詩と真実 第一部』(一八一一年)で言及しており、一九世紀の思想界に大きな影響を与えた。

リスボン大地震の教訓

さて、大地震によってポルトガルの国力は一気に低下した。大航海時代にスペインとともに海上貿易を支配し全盛を極めたポルトガルは、大地震後に凋落(ちょうらく)しはじめ、やがてオランダとイギリスに覇者の座を奪われたのである。正確には、リスボン大地震が起きる前から地盤沈下しつつあった中で、大震災が凋落を加速した。

こうした状況について、「大地変動の時代」に入った日本と重ね合わせて論じる歴史学者がいる。世界経済第二位のステータスを中国に奪われ、背後から韓国などの激しい追い上げを受け、国の借金が増え続けるさなかに東日本大震災に襲われたからだ。

一方、リスボン大地震後のポルトガルでは、国家のスタイルまでもが大きく変化した。国王ジョゼ一世(一七一四―一七七七)が復興と再建を宰相のポンバル侯爵(一六九九―一七八二)に託したのだが、彼はすぐさま火災を鎮火し、疫病が蔓延(まんえん)する前に遺体を運び出し廃墟の撤去を開始した。

その後、ポンバル侯爵はリスボン市内の街路を拡張し、当時の最高技術を用いて耐震建造物を再建した。さらに、既得権を手放そうとしない貴族たちを追放し、啓蒙主義的な専制政治によって復興を成し遂げたのだ。

その後のポルトガルは、もはや世界の覇者を目指すことはなかったが、国民の生活は次第に安定し、世界遺産を多数有するヨーロッパ有数の歴史国となった。こうした点でもリスボン大地震から学ぶべき点が多々あるのではないかと私は考えている。

直下型地震と大都市圏の過密

戦後の日本が復興できたのは幸運以外の何物でもない。というのは昭和三〇年(一九五五年)代から始まった高度経済成長期に、たまたま日本列島で地震が少なかったからだ。こうしたラッキーな時期は、第2章でも述べたように一九九五年で終わった。すなわち、阪神・淡路大震災以後の日本列島は、次の南海トラフ巨大地震に向けて再び地震活動期に入ったからである。

日本経済が一九九一年の「バブル崩壊」とそれ以後の「失われた二〇年」の前に、三〇年近い高度経済成長期を確保できたのは、まさに僥倖（ぎょうこう）だった。ここから首都直下地震を「大都市圏の過密」という問題で捉え直してみたい。

現在の首都圏には全人口の三分の一に相当する三五〇〇万人が集まっている。その中心にある東京は、江戸時代から日本の中央都市として富を蓄積し、戦後の経済成長によって首都圏として飛躍的に拡大した。

確かに東京は世界一効率が良く安全で便利な都市となった。一方、三枚のプレートがひしめき合う低地に構築された首都は、地球科学的には「砂上の楼閣（ろうかく）」という表現が最も適している。

英国の経済誌「エコノミスト」は最近、世界主要都市の危険度を調査した。それによると東京は世界一安全で自然災害リスクが最も高い都市と評価された。確かに東京は犯罪が少なく医療や衛生面で優れ、道路整備やインターネットなどインフラ上の安全性が高い。

一方で地震、津波、噴火などの自然災害リスクは最悪なのである（首都圏への富士山噴火のリスクは第5章で述べる）。東日本大震災以後の首都圏では地震活動が活発化し、震災前と比べて発生頻度は約三倍に上昇し、首都直下地震が「いつ発生しても不思議でない」状況となった。また政府の地震調査研究推進本部は、首都直下地震が今後三〇年以内に七〇パーセントの確率で発生すると予測している。

すなわち、首都圏は人為的な側面では安全度が高いのだが、自然環境の観点では極めて脆弱な点が明らかにされたのだ。その最大の理由は、狭くて地盤が軟弱な低地に人口が密集していることによる。

日本の国土面積は世界の陸地の〇・二八パーセント(約四〇〇分の一)しかないにもかかわらず、地球上で起こるM6以上の地震の二〇パーセントが日本列島で起きている。その中でも首都圏は群を抜いて人口密度が高い。こうした防災上の問題が、政治・経済・学術の大きな割合を首都圏に依存している日本にとって最大の弱点となっている。

東日本大震災は、一〇〇年や一〇〇〇年という長い時間軸で対処しなければならないことを我々に教えた。南海トラフ巨大地震は三〇〇年に一回の頻度で発生し、東日本大震災は一〇〇〇年に一回の頻度で起きた。日常考えもしない長時間スケールで襲ってくる激甚災害から日本人は生き延びなければならない。

第2章の南海トラフ巨大地震と本章の首都直下地震は、日本列島のどこに住んでいようとも人ごとでは済まされない大事件となる。よって、一人ひとりの課題として設定し、できるところから早急に準備を進めたいと思う。

4 活動期に入った日本列島の活火山

これまで日本列島の様々なタイプの地震予測に関して述べてきたが、同じことは火山噴火に対しても言える。歴史を振り返ってみると、日本の九世紀は地震が特に多い時代だったが、噴火も少なからず頻発していたのである。

たとえば、二〇一四年の御嶽山(おんたけさん)噴火や二〇一五年の箱根山噴火はその幕開けであり、東日本大震災(いわゆる「3・11」)に誘発された長期変動の一つと読み解くことができる。おそらく、地下のマグマ活動に関しても「大地変動の時代」が始まったのだ。

火山活動期に入った日本列島

これを理解するために地殻変動を振り返ってみよう。東日本大震災で日本列島が東西方向に最大五・三メートル引き延ばされた結果、地盤に大きな歪(ひず)みが蓄積された。こうした巨大地震が発生すると、活火山の噴火を誘発することが経験的に知られている。地下の岩石にかかる力のバランスが変化すると、マグマの動きが活発になるのだ。

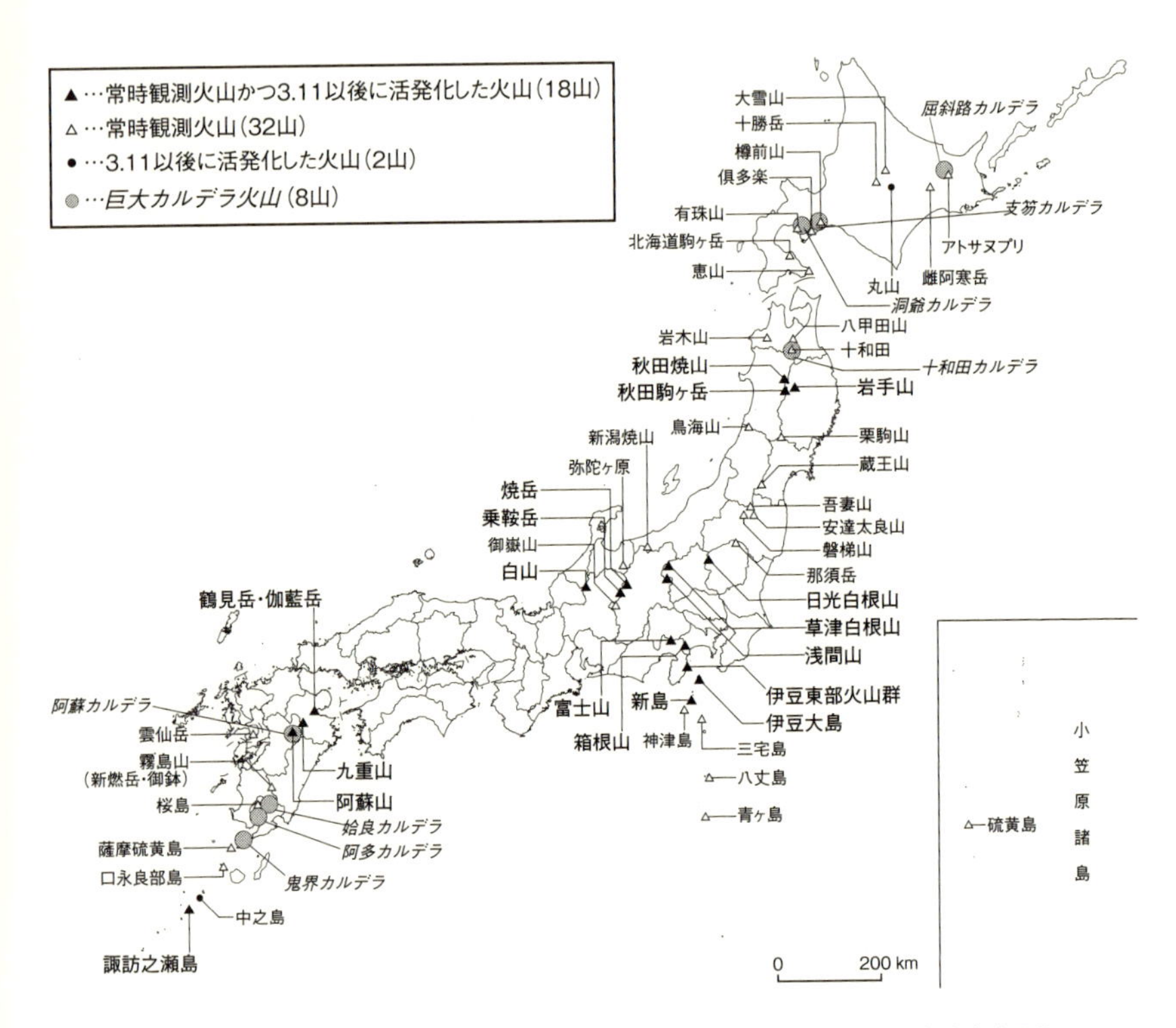

図 4-1　常時観測火山(計 50 個),「3.11」以後に活発化した火山(計 20 個),巨大カルデラ火山(計 8 個)の位置

たとえば、二〇〇四年一二月にインドネシア・スマトラ島沖で起きたM9クラスの巨大地震のあと、二〇〇五年四月から複数の火山が次々と活動を開始した。スマトラ島のタラン山は火山灰を噴き出し、四万人を超える住民が避難した。加えて、二〇〇六年五月からジャワ島にあるムラピ山が噴火を開始し、高温の火砕流（かさいりゅう）によって三〇〇人を超える犠牲者を出した。

東日本大震災以後の不安定な地盤を裏付けるように、地下で地震が増加した活火山が多数ある。たとえば、浅間山、草津白根山、箱根山、焼岳、乗鞍岳、白山など二〇個ほどの火山の地下では、「3・11」の直後から小規模の地震が急増した（図4-1）。その後に御嶽山と箱根山が噴火した。

巨大地震と噴火の直接的な因果関係はよく分かっていないが、二〇個に数え上げられた他の活火山でも噴火が始まる可能性は考えなければならない。おそらく東日本大震災で生じた地盤の歪みが元に戻るには何十年もかかり、その間は噴火も止むことはないと地球科学者は予測している。

マグマと噴火

ここでマグマとはどういった物質か、そもそも火山はなぜ噴火するのかを見ておこう。火山の噴火とは、マグマのしぶきが勢いよく噴き出たり、溶岩がドロドロと流れる現象をいう。黒い火山灰が噴き上がり火口から水蒸気が噴出する現象も噴火に含まれる。

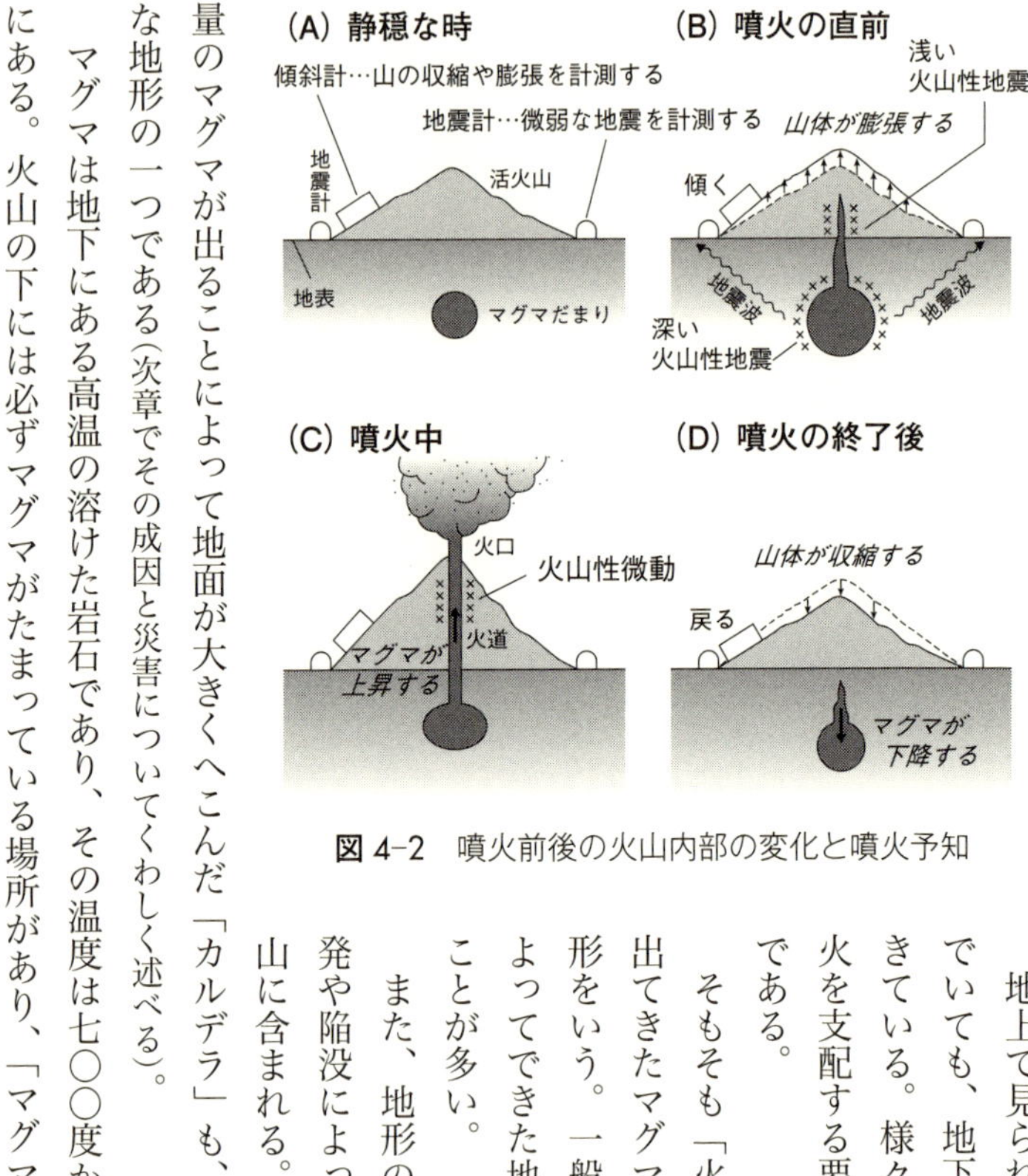

図 4-2 噴火前後の火山内部の変化と噴火予知

地上で見られる噴火は変化に富んでいても、地下では共通の現象が起きている。様々に姿を変えてゆく噴火を支配する要因を探るのが火山学である。

そもそも「火山」とは、地下から出てきたマグマがつくる特徴的な地形をいう。一般には噴火の堆積物によってできた地形的な高まりを指すことが多い。

また、地形の高所だけでなく、爆発や陥没によって生じた凹地形も火山に含まれる。たとえば、一度に大量のマグマが出ることによって地面が大きくへこんだ「カルデラ」も、火山のつくる代表的な地形の一つである(次章でその成因と災害についてくわしく述べる)。

マグマは地下にある高温の溶けた岩石であり、その温度は七〇〇度から一三〇〇度の範囲にある。火山の下には必ずマグマがたまっている場所があり、「マグマだまり」と呼ばれる

（図4－2）。

液体で満たされたマグマだまりは通例丸い袋状に描かれるが、地震の観測によって位置が突き止められる。ちなみに、若い火山のまわりには温泉が湧き出しているが、これはマグマの熱によって温められた地下水が地上まで上昇したものである。

なお、温泉を通じてゆっくりと熱が出てくる際にはマグマの熱を利用できるが、噴火が起きてマグマが一気に出る場合にはエネルギーが大きすぎて使えない。

では、マグマはどういった状況で噴火するのだろうか。液体のマグマには水（水蒸気）や二酸化炭素などのガス成分が溶けこんでいる。そのほか二酸化イオウ・塩化水素が入っていることも多い。ガス成分は数パーセントで、その大部分は水である。

最初、噴火の前に「泡だち」という現象が起きる。マグマが泡だつことで、結果的にマグマ自身が軽くなる。マグマの中に溶けこんでいる水が、あるとき急に泡だって水蒸気になるのだ。

水蒸気は気体なのでマグマよりもずっと軽い。マグマの中に水蒸気の泡がたくさんできるとマグマは泡だつ前よりも軽くなる。そしてマグマ全体の密度が下がるため、マグマは上昇しはじめる。これが地上に出ると噴火である。このようにマグマに数パーセント含まれる水が、噴火の原動力となるのである。

噴火のメカニズム

マグマが地表に噴出すると災害を引き起こすので、事前に知ることができれば災害を軽減できる。「噴火予知」という手法だが、マグマ噴出の仕組みを理解することで組み立てられている。

ちなみに、地震災害に対して地震予知があるが、地震と噴火には大きな違いがある。地震の場合は第一撃が最大で、その後も余震と呼ばれる小さな揺れはあるものの、時間とともにほぼ一方的に減衰する。これに対して、噴火活動では、いったん始まると何年も継続し、後が長引くことが多い。

こうした災害を減らすために様々な観測が行われる。具体的には、マグマが地上に出る「時間」と「場所」を予知する。この情報を用いて、噴火が起きる前に人々が危険区域外に避難することを援助し、人的被害を最小限にくい止める。

静穏時の液体マグマは、地下のマグマだまりに留まっている(図4-2のA)。その後、圧力が高まったマグマは通路である火道(かどう)の中をゆっくりと上昇する。火道を埋めている岩石をバリバリと割りながら上がるときに、「火山性地震」が発生する(図4-2のB)。また噴火が近づくと、こうした地震の起きる位置が浅くなる。

さらにマグマが地上へ向かうと、山体が膨張する。「動かざること山のごとし」という成句があるが火山では当てはまらない。噴火に伴って山体が膨れたり縮んだりするからだ。いよいよ噴火が近づくと「火山性微動」という小さな地震が発生する(図4-2のC)。

この火山性微動は、先ほどの火山性地震と比べると揺れが微弱で、かつ揺れの始まりと終わりが不明瞭であるという特徴がある。そして最後に、噴火が終了してマグマが下へ戻る際に、山は収縮する(図4-2のD)。

火山体の伸び縮みは極めてわずかなので、設置された傾斜計で精密な測定を行う(図4-2のA)。水平距離一万メートルにつき一ミリメートル上へ持ちあがる傾きを測定する、という極めて精度の高い技術である。

しばらく噴火が続いてある量のマグマが出ると、マグマを上に押しやる力がなくなる。こうなると噴火は止まり「休止期」となる。なお休止期にも、マグマだまりには下から徐々に新しくマグマが供給されている。その結果、しばらく経過して再びマグマだまりが満杯になると、再び噴火が始まる。ほとんどの活火山が、こうした繰り返しの歴史を持っている。

よって、大部分の火山では噴火は一回だけで終わるのではない。何十万年という長いあいだに、何千回も起きるのが普通だ。少しずつであっても地下から絶えずマグマが補給されているので、長期にわたる噴火が可能なのである。

実は、火道が繰り返し使われるということは、火山体の形そのものに影響を与えている。富士山をはじめとして多くの火山では、山頂が一番高い。このことはマグマは山頂から最も多く噴出したことを意味するのである。

さて、噴火予知の話に戻ろう。噴火の前に火山体の磁場変化を測定する方法もある。マグマが地上に近づくと岩石の磁化が弱まる、という性質を使う。たとえば、磁石を火にくべて、ある温度以上に加熱すると、鉄片を引き付ける力が弱くなる。よって、岩石に記録された磁化の強さを定期的に測定すると、マグマが上昇したか下降したかが分かるのだ。

また、火山ガスの変化も噴火予知に用いられる。マグマには様々な火山ガスが溶けているが、火口から放出されるガスの放出量や個々のガスの相対的な比率が、噴火の前後で変わる。こうした観測では、噴火していない平時のデータが必要となる。ちょうど風邪をひいたとき、普段の平熱が分からないと微熱が出たかどうか判断できないのと同じである。

噴火予知は「噴火開始の予知」「経過の予知」「終息の判断」という三つのステージに分けられる。一般に、噴火が始まってからマグマ噴出の形態が様々に変化する。よって、噴火開始を正確に予知できた場合でも、その後どのように推移してゆくかの判断がむずかしい。

二〇一四年の御嶽山噴火

次に、東日本大震災後に発生した具体的な噴火事例について述べてみよう。二〇一四年九月に活火山の御嶽山が突然噴火した。死者・行方不明者はあわせて六三名に上り、戦後最悪の噴火災害となった。これは一九九一年に四三名が犠牲となった雲仙普賢岳の火砕流災害以来の大惨事であり、噴火を予知できなかった我々火山学者にとって痛恨の出来事だった。

長野・岐阜の県境にあり「日本百名山」の一つとしても親しまれる御嶽山は、一方で様々なタイプの危険な噴火を起こす活火山でもある。今回の噴火では、火山灰を大量に含む噴煙が火口から七〇〇〇メートル以上も上昇し、軽トラック大の岩石を四方八方に撒(ま)き散らしたのだ。

二〇一四年の噴火は、二〇〇七年に起きた小規模な噴火以来の出来事で、防災関係者のみならず火山学者もまったくの不意を突かれた。大災害となった要因はいくつか挙げられる。まず、何の警告もなしに人が大勢いる場所の近くで噴火が始まった。紅葉の時期を迎えた好天の土曜日で、特に登山者が多い日だった。さらに正午前に突然噴火が始まり、山頂付近にいた昼食時の登山者を直撃したのだ。

一つの山がそびえる独立峰の御嶽山は、見晴らしが抜群に良いため特に人気がある。標高三〇六七メートルと、三〇〇〇メートルを超す標高の割には初心者でも登りやすいからだ。バスやロープウェーを利用した日帰り登山も可能で、したがって噴火時には大勢の人が火口近くに滞在していた。

実は、二〇一四年噴火の三五年前の一九七九年にも御嶽山では同じような噴火が起きたのだが、朝五時という早朝だったため、一人の死者も出なかった。つまり、今回の噴火は、場所、時期、時間帯のすべてが最悪のタイミングだったのである。

噴石と水蒸気噴火

噴火直後に登山者が撮影したビデオには、突然噴煙が立ち上り、瞬く間に人々が黒い火山灰の雲に巻き込まれた様子が映っている。噴火開始後の数分で噴煙の高度は最大となり、火口から飛散した巨大な噴石が山小屋の屋根を突き破った。

山頂付近では、雨のように降り注ぐ噴石から身を隠す場所もなく、多くの人が犠牲となった。火口から半径一キロメートル以内に二〇〇人を超える登山者がいたと見られるが、その死因は頭や背中に噴石が直撃した「損傷死」だったのである。

火口から一キロ離れた場所でも、噴石は時速四〇〇キロメートル、すなわち秒速約一〇〇メートルという高速で登山客を襲った。噴石に直接当たらなくとも、地面に当たって砕けた破片でも致命傷となったのだ。

犠牲者の大半は、大量の噴石が降った八丁ダルミと呼ばれる登山道の付近で発見された。おそらく頭などに噴石の直撃を受けて倒れている間に、火山灰がみるみる積もり、呼吸困難になった人も多かったと思われる。

ここで噴火がなぜ起きたのかを見てみよう。今回の噴火は、噴煙の色が比較的白く、水蒸気が多く含まれる「水蒸気噴火」である。これは地下深部にある高温のマグマによる熱によって地下水が熱せられることで起きる。水が沸騰して急激に水蒸気が発生し、火口周辺の岩石を砕いて撒き散らす非常に危険な現象である（図4‐3）。

同時に、水蒸気とともに上空八〇〇〇メートルまで噴き上げられた火山灰が風に乗って遠方まで飛散した。ちなみに、御嶽山は過去に水蒸気噴火を頻繁に繰り返しており、一九七九年の噴火では火山灰が群馬県まで飛来している。

火山体の内部は硬い岩からなると思っておられる読者が多いが、実際には岩石に隙間がたくさん挟まったガサガサした状態である。岩の割れ目には水（熱水）が入っており、地下水の層もある。その下の深い場所に高温のマグマがあり、そのマグマの動きが活発になって地下水に熱を与えるようになると、水が気化して水蒸気噴火が始まる。

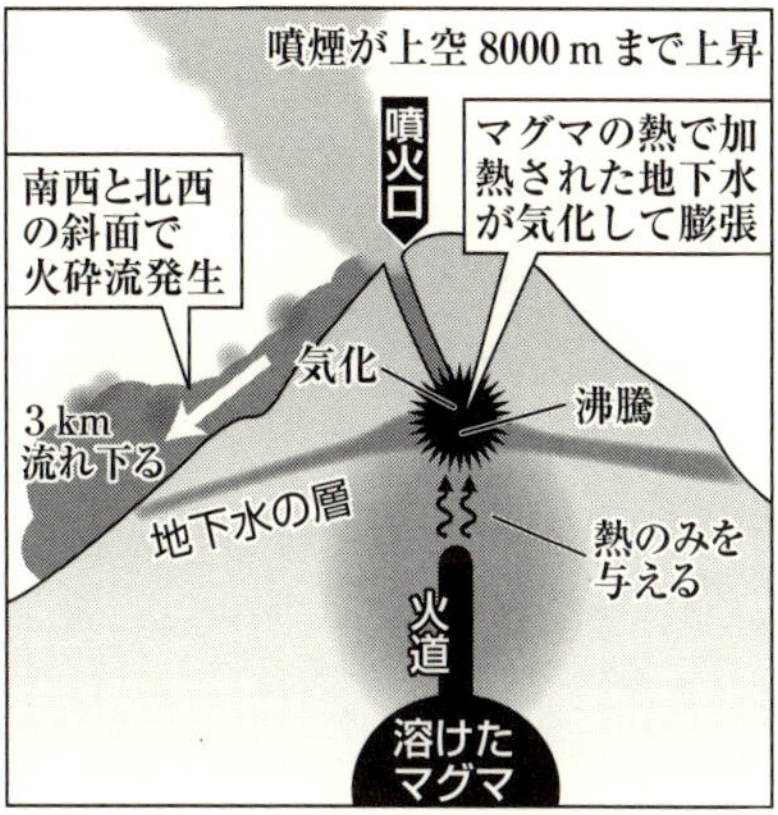

図 4-3　御嶽山での水蒸気爆発

低温火砕流の発生

今回の噴火災害のポイントは噴石と火山灰だが、火山学的にはもう一つ重要な現象があった。山の南西と北西の斜面で、「火砕流」が発生していたのである。

火砕流は一九九一年の雲仙普賢岳の噴火で死者・行方不明者四三人を出したことで知られるよ

うになった。六〇〇度という高温状態で、また時速六〇キロメートル以上という高速で、火山の斜面を一気に流れ下る。火砕流が通過した地域はすべてが焼け焦げてしまう極めて危険な現象である。

噴火直後に御嶽山を上空から観察したところ、立木に横から火山灰が吹き付けた現象が見られた。一方で、流下地域の森林が焼け焦げていなかったので、雲仙普賢岳ほど高温ではなかったと考えられる。また、火砕流の温度が低かったことは、マグマがまだ関与していなかったことを示す。すなわち、今回は水蒸気噴火によって「低温火砕流」が発生し、三キロメートルほど斜面を流れたのである(図4–3)。

たとえマグマが直接関わらなくとも、火砕流は高温の火山ガスや火山灰が噴き出すことで発生する。後に医師が死因を分析すると、頭・胸の骨折や打撲の他に、高温物質による熱傷もあった。負傷者の多くが熱い火山灰を吸い込んで起こる「気道熱傷」を負っていたのである。さらに、登山者のリュックが焼けていたことから、調理中の天ぷら油よりも高温の噴煙にまかれたと推定される。

その後、火山灰に含まれる結晶の分析から、噴火前の地下水が二〇〇度以上の高温だったことが判明した。水蒸気噴火でこうした熱による災害が起きることもたいへん意外な事実だった。

前兆を知る難しさ

気象庁は噴火が始まってから約四〇分後に「火口周辺警報」を発表した。同時に、「噴火警戒レベル」をそれまでの1(平常)から3(入山規制)に引き上げた。しかし、既に火口付近には登山者がおり、突然の噴火によって多数の遭難者が出てしまったのである。

御嶽山のような活火山では、噴火の前に地下で起きる前兆をつかまえて、災害を最小限に食い止める方策がとられている。今回も噴火の始まる約二週間前から火山性地震(図4-2のB)が起きていることが、気象庁から公表されていた。

しかし、火山学者も気象庁職員も、噴火の兆候と判断することができなかった。というのも、山が膨らむなどの地殻変動は観測されず、噴火の直前に起きる火山性微動(図4-2のC)が始まったのは、噴火のわずか一一分前だったからだ。

今回のような小規模の水蒸気噴火の予知は、残念ながら非常に難しいと言わざるを得ない。つまり、火山学的に前兆を確実に捉えられるほど研究が進んでいないのである。火山性地震の増加を噴火の予兆と判断しなかった理由は、反対に過去の噴火では比較的明瞭な前兆現象があったからだ。

御嶽山は過去三八年間に、四回の水蒸気噴火を起こしている。一九九一年の小規模噴火では、二週間以上前から火山性地震と火山性微動が観測されていた。また、二〇〇七年の小規模噴火でも二カ月以上前から地震と微動が増加し、さらに地殻変動もつかまえていた。すなわち、二〇一四年以前に起きた過去二回の水蒸気噴火では、今回よりも規模が小さいにもかかわらず、前兆が把握されていたのである。

このように、自然現象は起きるたびに変化することも十分にありうる。一般に噴火は地震と比べると予知しやすいとされている。ところが、二〇一四年の噴火は現代火山学をもってしても予知の限界だった。

巨大地震が誘発する噴火

先にも述べたように御嶽山の噴火は、東日本大震災によって誘発された一〇〇〇年ぶりの「噴火の世紀」の幕開けとも考えられる。歴史を振り返ってみると、八六九年に起きた貞観地震から二年後に、秋田県と山形県の県境にある鳥海山が噴火した。また、四六年後には青森県と秋田県の県境にある十和田湖が大噴火し、東北地方を火山灰まみれにした。

ちなみに、この噴火は日本列島で過去二〇〇〇年間に起きた噴火では最大規模のものだった。このように、日本列島の九世紀は噴火の多い特異的な変動期でもあったが、それが貞観地震をきっかけとして始まったのである。

かつて巨大地震によって噴火が誘発された例がある。一七〇三年に太平洋で元禄関東地震（M8・2）が起きた三五日後に、活火山の富士山が鳴動を始めた。さらに四年後には、同じく海溝型の巨大地震である宝永地震（M8・6）が発生した。なお、宝永地震は第2章に述べたような数百年おきにやってくる南海トラフ巨大地震の一つである（図2-1を参照）。

その宝永地震の四九日後に、富士山は南東斜面からマグマを噴出し、江戸の街に大量の火山灰を降らせたのだ。新幹線の車窓から富士山を見ると、中腹にぽっかりと大きな穴が開いていることに気付くだろう。これはそのときに開けた火口で、宝永火口と呼ばれている。次章で述べるように、一七〇七年の噴火は富士山の歴史でも最大級の大噴火だった。

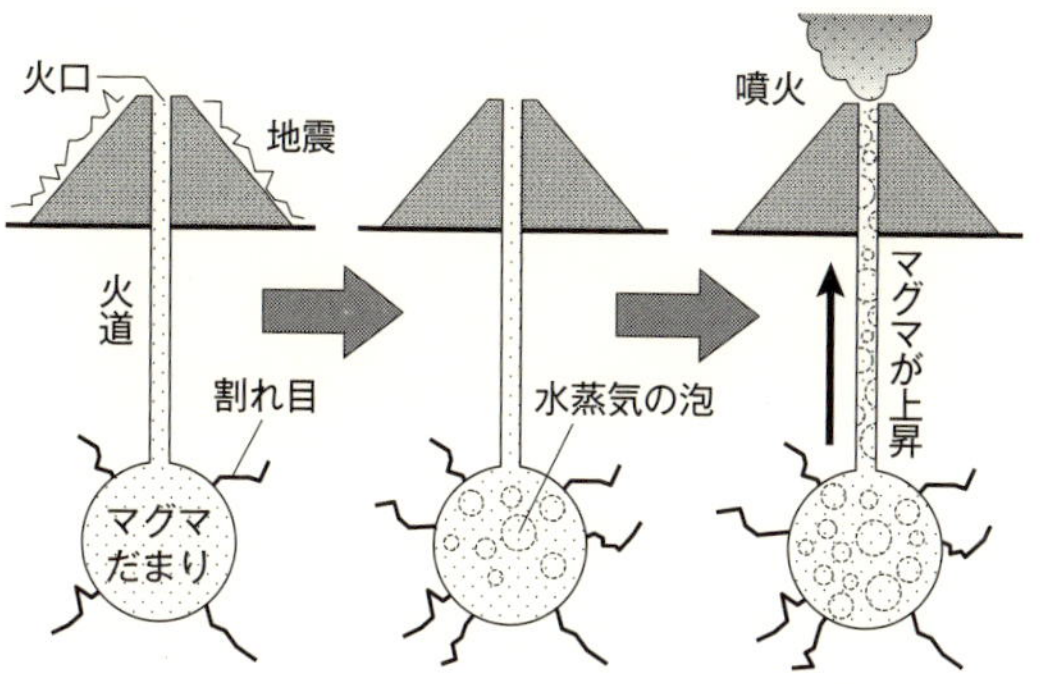

図 4-4　地震によって噴火が誘発される様子

宝永噴火では、直前に起きた二つの巨大地震が、地下のマグマだまりに何らかの影響を与えたと考えられている。たとえば、地震によってマグマだまりの周囲に割れ目ができ、噴火を引き起こしたのではないかという仮説である（図4-4）。

先ほど述べたように、マグマの中にはもともと五パーセントほどの水が含まれている。割れ目ができることでマグマだまり内部の圧力が下がると、この水が水蒸気となって沸騰する。水は水蒸気になると、体積が一〇〇〇倍ほど増える。

こうなるとマグマは外に出ようとして、火道を上昇し地表の火口から噴火する。こうしたメカニズムで国内にある活火山のいくつかが噴火を誘発される可能性は低くない。

「噴火の世紀」を生き延びる

ここで日本の火山防災の現状を点検してみよう。日本には一一一個もの多数の活火山がある。このうち御嶽山を含む五〇個ほどの活火山は、常時観測が必要な火山とされている(図4-1)。すなわち、「今後一〇〇年程度の中長期的な噴火の可能性」があるため、気象庁が二四時間体制で監視しているのだ。具体的には、地震計や傾斜計、監視カメラなどを設置して観測し、得られたデータをすべて東京の気象庁に送っている。

こうした情報に基づいて、御嶽山をはじめとする四〇個ほどの火山では「噴火警戒レベル」が設定されている。これは火山活動が活発になったときに、火口に近づかせない、などの具体的な規制のベースとなるものだ。

噴火警戒レベルは五段階に分かれており、数字が大きくなるに従って制限が強くなる。一番低いレベル1は火山活動が静かであること、すなわち「平常」を表し、火口まで近づくことができる。

次のレベル2は「火口周辺規制」を示し、火口の周辺への立ち入りが禁止される。三番目のレベル3は噴火が発生した、もしくは近い将来予想される場合に出され、「入山規制」を意味する。レベル3になると登山道そのものが閉鎖されるのだ。

最後の二つは、山麓に住む住民が避難するためのもので、レベル4は「避難準備」、レベル5は速やかに「避難」すべき状態であることを示す。こうした噴火警戒レベルは活火山ごとに設定されており、また地下の状況に応じて臨機応変に変更される。さらに、情報はリアルタイムで気象庁のホームページで公表されているのでご覧いただきたい。

東日本大震災以後に地震が増えたほとんどの活火山でも、噴火警戒レベルが設定されている。したがって、それぞれの火山のレベルを随時チェックすることで、ある程度は危険度を判断できるのだ。しかし、御嶽山のように突発的な水蒸気噴火が起きた場合には、噴火警戒レベルが追いつかないことがありうることも覚えておかなければならない。

噴火の情報伝達

火山の噴火情報は、国土交通省に属する気象庁から出される。常時観測している火山から送られてくる観測データを二四時間体制で監視し、もし何らかの変化が生じた場合には、噴火に関する情報が夜中でも発表される。同時に、情報は直ちに火山周辺にある自治体、防災機関、報道機関に送られる。

気象庁が伝える情報には「噴火予報」と「噴火警報」の二つがある。静穏時の火山の状況は噴火予報として発表される。

その後、活動が活発になり被害が出る可能性が生じた場合に、噴火警報が出される。この噴火警報には、居住地域を対象とする「噴火警報」と、登山規制や火口近くの道路通行などに関わる「火口周辺警報」があり、影響が出る範囲が具体的に示される。

噴火予報と噴火警報は、発令されれば直ちに気象庁のホームページに掲載されるため、夜中でも火山の現況が気になるときには、最新の情報を得ることができる。

自然災害では不意打ちを受けたときに、最も大きな被害が生じる。したがって、それを防ぐには、できるだけ普段から知識を持ち、不意打ちを受ける確率を下げる努力が肝要なのだ。そのために、危険が及ぶ可能性のある地域では、噴火予報と噴火警報に絶えず注意を払う必要がある。

さらに、それぞれの活火山に設定された噴火警戒レベルを、リアルタイムで確認しておくことも極めて重要だ。しかし、同時に火山では、噴火警報の発令や噴火警戒レベルの変更が間に合わないほど突発的な現象が起きうることも、残念ながら自然界の姿なのである。

ここでは「事前に十分に準備して必要な知識を持つこと」と「その知識に全面的には頼らないこと」という、相反する二つの姿勢が必要となる。御嶽山の噴火は、人の期待を裏切る「想定外」がごく普通に起きうることを見せつけた。一〇〇〇年ぶりの「噴火の世紀」を生き延びるには、こうしたハイレベルの柔軟性が求められている。

5 富士山はいつまでも「美しい山」か

富士山は日本一標高の高い活火山である。他の火山と同様に地下には高温のマグマだまりがあり、不定期に地表に上がって噴火する。噴出した溶岩や火山灰などが大量に積み重なって巨大な円錐形の火山となった。

富士山には長い噴火の歴史があり、今から一〇万年ほど前から噴火をし続けた結果、現在の山体ができた。火山活動は約一万年前を境に「新富士火山」と「古富士火山」に分けられる。現在見ているのは新富士火山で、その下には古富士火山が埋もれているのだが、いずれも玄武岩(げんぶがん)と呼ばれる黒い岩石でできている。

富士山で最初に巨大な火山をつくったのは古富士火山の時代であり、膨大な量の軽石と火山灰を関東一円に降り積もらせた。場所によっては厚く堆積し、新たに地層まで形成した。関東平野を広く覆う関東ローム層と呼ばれる火山灰を含む地層である。

関東ローム層には富士山だけでなく箱根火山から噴出した物質も入っている。関東地方南西部に広く分布する立川ローム層には、富士山から飛んできた噴出物が多く含まれる。いわゆる赤土と呼ばれる褐色の土壌であり、地表近くを覆う真っ黒な黒土のすぐ下に見ることができる。こうした古富士火山の活動は一万一〇〇〇年前くらいまで続いた。

次に、新富士火山の活動が一万一〇〇〇年ほど前から始まったが、古富士火山とはかなり活動の様子が変わっている。多様な様式の噴火が始まり、火山灰だけでなく溶岩を大量に流し、さらに噴石も軽石も飛ばした。

新富士火山の時代には、マグマを出した場所が一定ではないという特徴がある。すなわち、山頂の火口だけでなく、山麓にある側火口（そくかこう）を頻繁に使うようになった。さらに、後述するように、山そのものを崩す「山体崩壊」と呼ばれる現象も引き起こした。

現在、富士山の表層に見られる大部分の溶岩流は、新富士火山の活動によるものだ。たとえば、静岡県三島市にある一万一〇〇〇年前に流出した三島溶岩は、三島市まで三〇キロメートルも流れ下った。粘りけが小さいためにサラサラと遠くまで流れる溶岩の特徴を持っている。富士山の全周にわたってこうした溶岩が流下し、なだらかな山麓を持つ円錐形の美しい火山体が形成されたのだ。

新富士火山の時期に「噴火のデパート」と呼ばれる状況が始まり、現在まで続いている。この時期の活動をくわしく知ることは、将来の噴火を予測する上でも重要である。

山頂噴火と山腹噴火

今から約二九〇〇年前には富士山の側面を崩す「山体崩壊」が起きた。その後、二九〇〇年前から二二〇〇年前までの時期には、山頂で爆発的な噴火がしばしば起きた。さらに、火砕流と呼ばれる高温で高速の流れも発生した。たとえば、山頂から西に流れた大沢火砕流は三二〇〇年前に噴出し、山頂の西側を高速で流下したものである。

この時期には、富士山の東麓にスコリアと呼ばれる黒い軽石を大量に降り積もらせている。有名なものとしては、山頂から大沢スコリアが、北斜面の側火山から大室スコリアが、また東斜面の側火山から砂沢スコリアがそれぞれ噴出し、山麓に厚く堆積した。

二二〇〇年前から現在までは、富士山は斜面で爆発的な噴火を多数起こしている。富士山の表面には数多くの火口があり、山頂の北西と南東を結ぶ線上でマグマを何百回も噴出した。これらの火口では最初にスコリア（黒い軽石）を放出し、しばらくのちに溶岩を流し出した。

現在残っている古文書から、個々の噴火時期が特定されている。歴史時代に起きた最大の噴火記録は、貞観噴火と呼ばれる八六四年の噴火である。富士山の北西の山麓で、大規模な「割れ目噴火」が起きた事件である。

この時、全長六キロメートルにわたる長大な割れ目ができ、その上に火口が多数できた。ここから大量の溶岩が流出し、青木ヶ原溶岩と呼ばれる溶岩原となった。この溶岩は、当時の北麓にあった大きな湖（「せの海」と呼ばれていた）の中に流れ込み、湖を分断した。その結果、現在の西湖と精進湖が誕生したのである。

近年、「せの海」を埋め立てた溶岩のボーリングが行われた結果、青木ヶ原溶岩のマグマの総量は一・四立方キロメートルあることが判明した。すなわち、富士山の歴史時代の噴火では最も多量のマグマを噴出した噴火だったことが判明した。

富士山で最新の活動は江戸時代の一七〇七年に起きた宝永噴火である。この噴火はそれまでの噴火様式とはまったく異なり、白い軽石と黒いスコリアと火山灰を大量に噴き上げるという特徴があった。宝永噴火で噴出したマグマは〇・七立方キロメートルという膨大な量で、南東の山腹に直径約一キロメートルの巨大な火口をつくった。

宝永火口から噴出した大量の火山灰は、偏西風に乗って東に大量に降り積もった。当時、江戸にいた儒学者で幕府の政治顧問を務めていた新井白石(一六五七―一七二五)は、「雪のように降りしきる火山灰のために、薄暗くなってしまい、昼間からあかりをつけて講義をした」と、著書『折(おり)たく柴の記』に書き残している。

噴火スタンバイ状態の富士山

二〇世紀初頭に確立した近代火山学の手法を用いて富士山を研究した結果、地下構造と噴火の歴史が次第に明らかになった。二〇一三年七月に富士山は世界文化遺産に登録され、夥(おびただ)しい数の人が富士山を訪れている。一方、富士山の地下にはマグマが大量にたまっており、いつ噴火してもおかしくない状態である。

前章で「3・11」以後に地下で地震が増え始めた活火山が二〇個あることを述べたが、その中には富士山も入っている（図4-1を参照）。そして東日本大震災発生四日後の三月一五日に、富士山頂の地下でM6・4の大きな地震が発生した。

この地震の震源は深さ一四キロメートルだったため、富士山のマグマが活動を始めるのではないかと、我々火山学者は肝を冷やした。富士山の地下にあるマグマだまりの天井に亀裂が入った可能性が考えられるからである。幸い、噴火には至らなかったが、現在でも噴火がスタンバイ状態であることには変わりない。

気象庁と大学などの研究機関は二四時間体制で厳重な監視を行っている。富士山周辺のGPS（全地球測位システム）の測定結果は、東日本大震災後に富士山の周辺が東西方向へ伸張していることを示している。

また、二〇〇九年には富士山が北東-南西方向に一年当たり二センチメートルほど伸張したことが観測された。この現象は、地下で東京ドーム八杯分の量のマグマが増加したことに相当する。その後、地盤の伸びは鈍化しているが、もし富士山の地下で「火山性地震」（図4-2のB）や「火山性微動」（図4-2のC）が始まると、噴火の準備段階へ移行しつつあると判断される。

富士山は地震計や傾斜計など日本で最も観測網が充実している活火山の一つなので、突然マグマが噴出する心配はないと考えられている。噴火の始まる前には地震や地殻変動が観測され、直ちに気象庁から各種マスコミやインターネットを通じて情報が伝えられる。すなわち、富士山噴火では直下型地震のように準備期間がゼロというわけではない。

「山体崩壊」とは何か

富士山は歴史上様々なタイプの噴火を起こしてきたが、なかでも最大級の被害をもたらす現象が「山体崩壊」である。二〇一二年の静岡県防災会議で、富士山が崩れると最大四〇万人が被災するという試算が発表された。

富士山は昔から美しい円錐形だったのではなく、山が大きく崩れ山頂の欠けていた時期が何回もあった。崩れた岩塊は「岩なだれ(いわ)」として高速で流れ下り、山麓に甚大な被害を与える。たとえば、一八八八(明治二一)年に福島県の磐梯山(ばんだいさん)で起きた山体崩壊では、四七七名が犠牲となった(なお、岩なだれは岩屑(がんせつ)なだれと呼ばれることがあるが、同じ現象である)。

ここで近代火山学が初めて観測した山体崩壊について見てみよう。一九八〇年五月一八日、米国ワシントン州にあるセントヘレンズ山の直下一・二キロメートルでM5の地震が発生した。その直後に観測史上最大の岩なだれが発生したのである(図5-1)。

頂上を含む山の北側全体が、即座に一つの巨大な塊として動き始めた。巨大なブロックが波打ちながら山麓へ滑り落ちたのだ。その数秒後には、大規模な爆発が山を揺り動かした。

膨大な量の破砕された岩石と氷が、セントヘレンズ山の北にあるスピリット湖とトゥートゥル川へ突っ込んだ。爆発によって生じた蒸気の圧力が、砕かれた岩の流動化を助けた結果、岩なだれが時速二五〇キロメートルまで加速した。川に沿って二〇キロメートル以上流れ、堆積物は谷底から最大三六〇メートルも埋め立てた。その結果、幅二キロメートル、厚さ二〇〇メートルを超す丘陵状の堆積物が残されたのである。

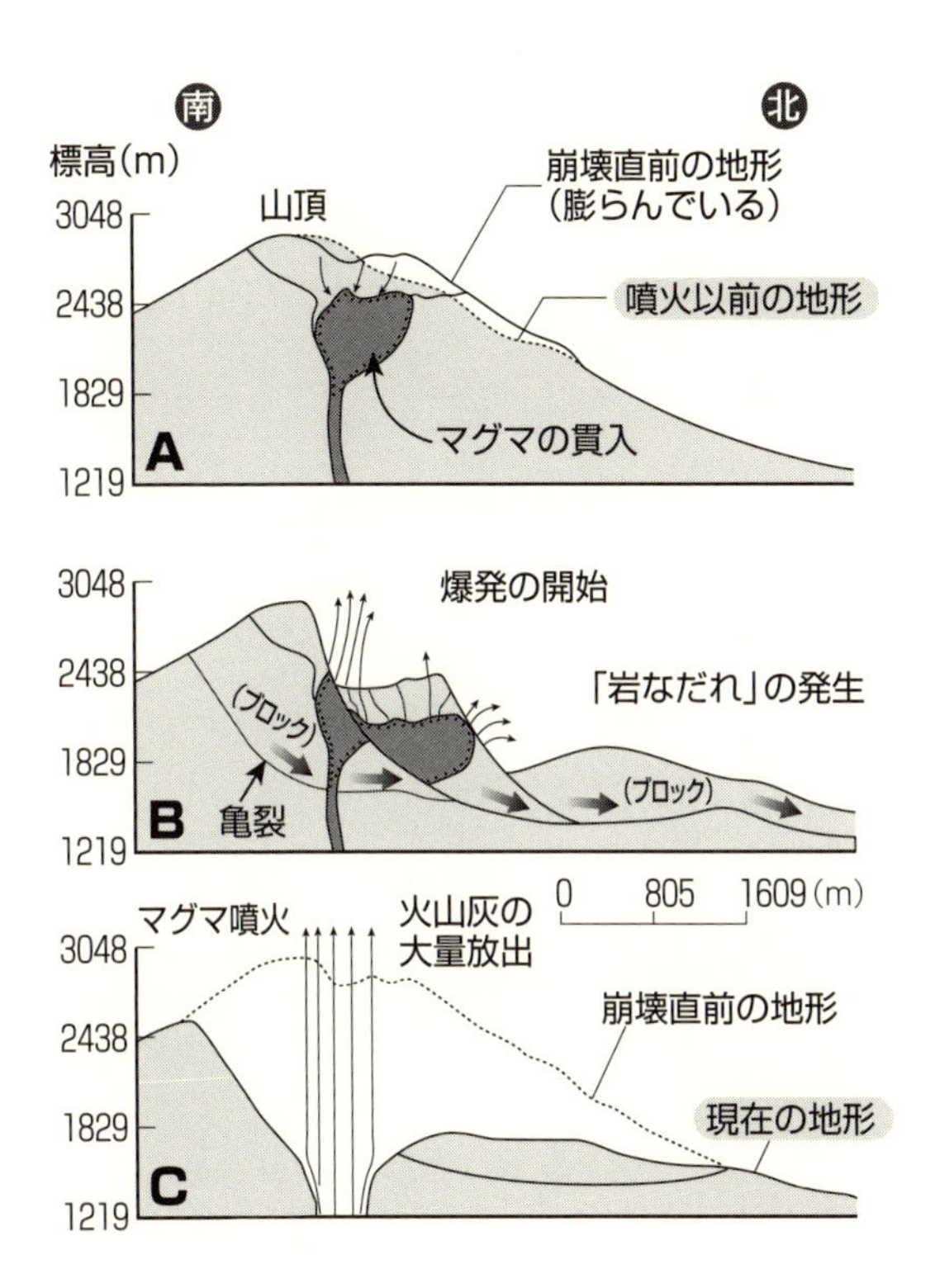

図 5-1　1980 年にセントヘレンズ火山で起きた山体崩壊と岩なだれの発生

富士山の山体崩壊

こうした山体崩壊を起こした火山が、日本列島には少なからず存在する。一般に標高が高い山は上部が不安定なので、噴火を引き金として一気に崩れる傾向がある。さらに山体崩壊は、地震活動とも密接な関係がある。

今から二九〇〇年前に、富士山の山頂付近の東斜面が山体崩壊を起こして巨大な岩なだれが発生した。この堆積物が現在の静岡県御殿場(ごてんば)市に残っている。ここでは東京の山手線が囲む広さの土地を、厚さ約一〇メートルの土砂が埋めつくしている(図5-2)。発生した岩なだれの速さは時速一〇〇キロメートル以上と推定されている。

この時の山体崩壊は、富士山近傍で発生した直下型地震によって引き起こされたと考えられている。富士山の南西にある富士川の河口には、「富士川河口断層帯」と呼ばれる活動度の高い断層群がある。ここで二九〇〇年前にM7を超える直下型地震が発生したため、その大揺れによって富士山が崩壊したと推定されるのだ。

こうした内陸地震の他にも、富士山南方の海域では一〇〇年から数百年の周期で巨大地震が起きる。先の富士川河口断層帯の南端は駿河(するが)湾に入り、「駿河トラフ」という巨大地震の震源域へ連続している。ここはM8クラスの「東海地震」が起きる場所でもある。

第3章で述べたように、次に起きる東海地震は、東南海地震や南海地震と連動してM9ク

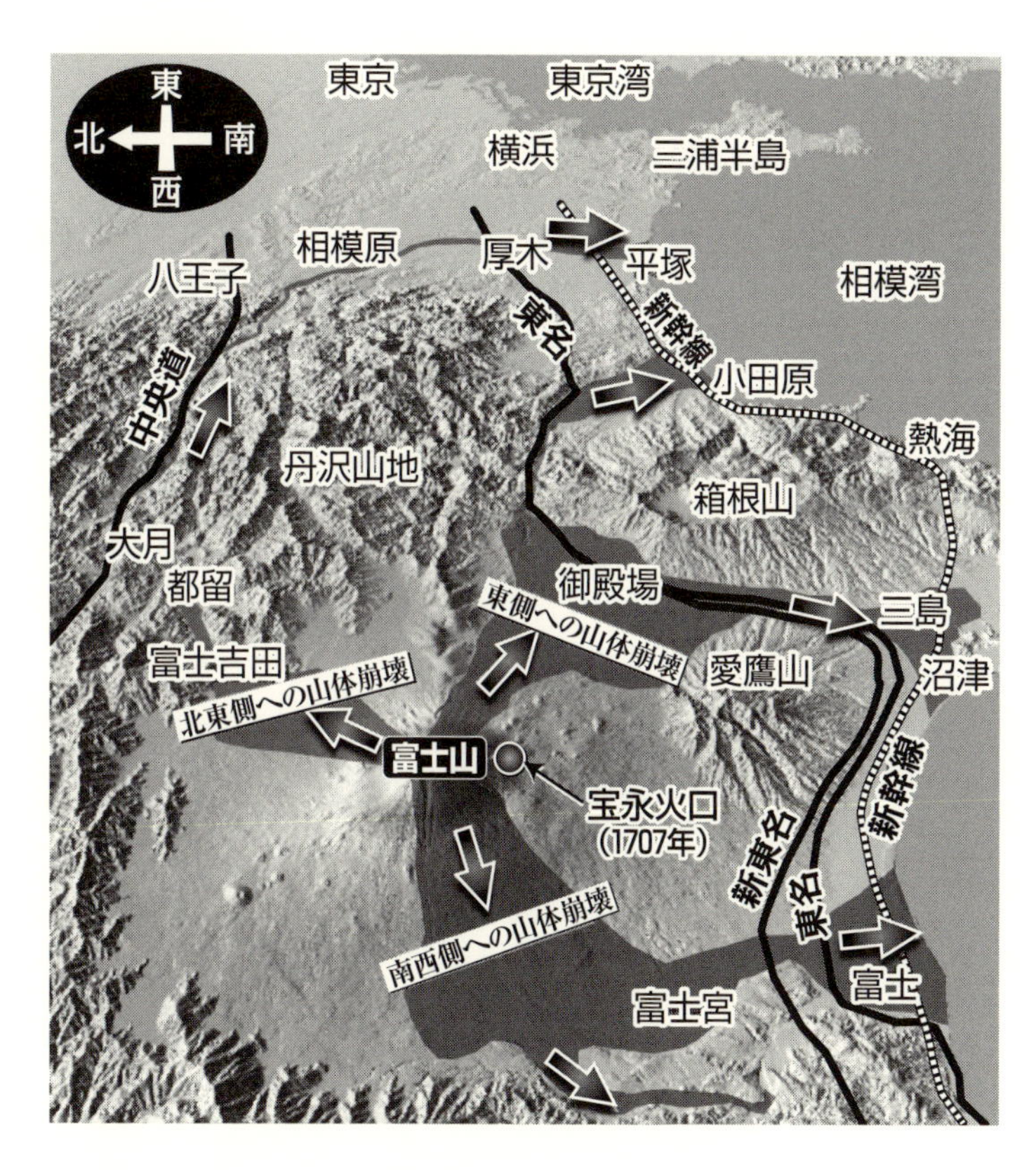

図 5-2　富士山の山体崩壊で岩なだれと泥流が襲う地域(小山真人教授の資料を改変)

ラスの南海トラフ巨大地震となる。こうした海の巨大地震が起こす激しい揺れが富士山のマグマ活動を励起することを、火山専門家は最も警戒している。

地下に埋もれた活断層

富士山の直下にこれまで発見されていなかった活断層が存在するという驚くべき調査結果が出た。東京大学地震研究所の研究チームは、御殿場市付近の地下に隠れている断層を発見し、活断層の可能性が高いと分析した。長さ三〇キロメートルほどの逆断層が、富士山直下の深さ十数キロメートル付近に埋もれている（図5-3）。なお、逆断層とは、横から力が加わった際に地面が断層の亀裂を境にのし上げた構造をいう。

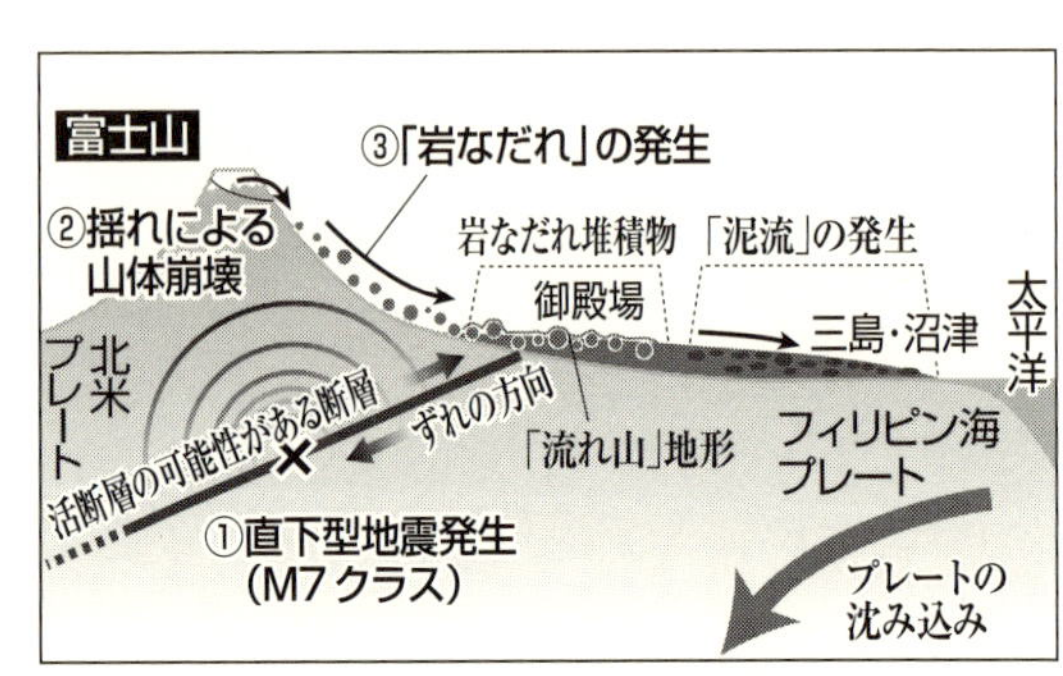

図 5-3　富士山の下に伏在する活断層による山体崩壊

これも富士川河口断層帯と同様に、M7クラスの地震を起こす可能性がある。なお、この断層は政府の地震調査委員会が警戒している活断層「神縄（かんなわ）・国府津（こうづ）-松田断層帯」の延長線上にある。

こうした内陸地震は、規模としては過去に起きた東海地震の三〇分の一程度の小さなものであるが、直下で起きることから甚大な被害をもたらす。首都直下地震と同じように、人口密集地の真下で起きると破滅的な被害をもたらす恐れがあるのだ。

困難な山体崩壊の予測

実は、山体崩壊がいつ起きるかの予測は、地球科学的に見てもたいへん困難である。先ほど説明したセントヘレンズ火山のように、マグマの活動を伴う場合には山体崩壊の発生を事前に予測できる。というのは第4章で解説したように、火山周辺で地震や地殻変動などを観測することによって、噴火の予知が可能だからである。ところが、直下型地震の引き起こす山体崩壊はまったく予知できないため、山麓の住民には避難する余裕がない。

富士山のように急勾配の斜面をもつ山体が崩壊した場合には、セントヘレンズ火山と同様の災害が予想される。しかも富士山の場合には、マグマ活動と関係のない地震によっても山体崩壊が起きる点が、非常に厄介なのである。

山体崩壊の発生時期と岩なだれの流下方向や到達距離を予測することは、現在の技術では不可能に近い。しかし、山体のどこが崩れる可能性があるかを前もって調べておくことは非常に重要である。

たとえば、岩石がもろくなった変質帯や亀裂が山体の上部にあることを、電気探査などの物理探査の手法で明らかにできる。なお電気探査とは地下に電流を流すことで、水分の多いもろい層などを突き止める手法である。さらに、ボーリング調査を行い、富士山の内部に残っている崩壊しやすい岩石の位置を確かめておくことも可能である。

ちなみに、内閣府が公表した富士山のハザードマップ(火山災害予測図)には、岩なだれに関する具体的な被害予測図はない。崩壊量や方向によってまったく様相が異なるため、具体的な予測が非常に立てにくいからである。

山体崩壊のリスク

富士山は過去に、不確かなものも含めて計一二回の山体崩壊を起こしたことが分かっている。山体崩壊は火山灰や溶岩の噴出に比べれば発生する頻度は低いが、いったん起きると莫大な被害をもたらす。

静岡大学の小山真人教授(一九五九—)は山体崩壊の発生頻度を約五〇〇〇年に一回と見積もり、周辺住民の最大四〇万人が被災する可能性があると発表した。これを崩れる方向によって分類すると、東側に流れれば四〇万人、北東側へ流れれば三八万人、南西側では一五万人という被災者数になる(図5-2の矢印参照)。

このうち首都圏に一番影響が出るのは、北東側へ崩れた場合である。多量の土砂が山梨県富士吉田市などを埋めつくしたあと、川に流入した土砂が「泥流」となるのである。この泥流とは、大量の水とともに土砂が流される破壊的な現象で、土石流とも呼ばれている。

岩なだれが起きると、下流では必ず大規模な泥流が発生する。北東側へ流れ下る泥流は相模川を通って神奈川県の平塚市や茅ヶ崎市付近を襲う可能性があるのである。さらに、その途中には東名高速道路と東海道新幹線があるため、長いあいだ東西の物流を寸断することにもなりかねない。

山体崩壊は極めて破壊的な現象であるが、数十万人にも上ると予想される住民の避難計画がないという危険な状況にある。一般に、自然災害のリスクは、発生する確率とともに、被害の大きさからも決まる(第6章でくわしく論ずる)。

この両者を積算すると、富士山の山体崩壊は、二〇三〇年代の発生が予測されている南海トラフ巨大地震と同じくらいリスクのある現象である。すなわち、最大四〇万人という被災者数を考えると、確率が低いからといって無視することは適切ではない。

東日本大震災で一一〇〇年ぶりに起きた巨大災害を目の当たりにした経験からは、たとえ五〇〇〇年に一度という発生頻度の低い地学現象でも、巨大災害を起こしかねない場合には想定すべきなのである。

富士山の噴火災害

富士山から飛来した噴出物の年代を詳細に調べたところ、富士山は平均五〇年ほどの間隔で噴火していたことが分かってきた。一方、富士山は一七〇七年から現在まで、三〇〇年間も噴火をしていない。もし長期間ためこんだマグマが一気に噴出したら、江戸時代のような大噴火になる可能性も否定できないのである。

いま富士山が大噴火したら、江戸時代とは比べものにならないくらいの被害が首都圏で出ると予想されるのだ。たとえば、西風に乗って火山灰が降り積もる風下の地域に当たる東京湾周辺には、火力発電所がたくさん設置されている。ここで使用されているガスタービンの中に火山灰が入り込むと、発電設備が損傷する恐れがある。

また、雨に濡れた火山灰が電線に付着すると、碍子(がいし)から漏電し停電に至ることがある。すなわち、火山灰は首都圏の電力供給に大きな障害をもたらす可能性があるのだ。

同様に、細かい火山灰は浄水場に設置された濾過(ろか)装置にダメージを与え、水の供給が停止する恐れもある。このように火山灰が大都市のライフラインに及ぼす影響が心配されている。さらに室内にも入り込むごく細粒の火山灰は、花粉症以上に鼻やのどを傷める可能性がある。目の角膜を傷め気管支炎を起こす人も続出し、医療費が一気に増大する恐れもある。

富士山の近傍では、噴出物による直接の被害が予想されている。富士山のすぐ南には、東海道新幹線・東名高速道路・新東名高速道路が通っている。もし富士山から溶岩流や土石流が南の静岡県側に流れ出せば、これら三本の主要幹線が寸断される恐れがある。首都圏を結ぶ大動脈が何日も止まれば、経済的にも甚大な影響が出るにちがいない。

さらに、富士山の裾野にはハイテク関係の工場が数多くある。細かい火山灰はコンピューターの中に入り込み、様々な障害を起こす可能性が考えられる。

火山灰は航空機にとっても大敵である。上空高く舞い上がった火山灰は、偏西風に乗ってはるか東へ飛来する。富士山の風下には三五〇〇万人の住む首都圏があり、羽田空港はもとより、成田空港までもが使用不能となる。何十日も舞い上がる火山灰は、通信・運輸を含む都市機能に大混乱をもたらすだろう。

かつて火山の噴火が、国際情勢に影響を与えたことがある。一九九一年六月に起きたフィリピン・ピナトゥボ火山の大噴火では、風下にあった米軍のクラーク空軍基地が、火山灰の被害で使えなくなった。もちろん火山が噴火している最中は、ジェット機もヘリコプターも使えない。

このような噴火事件を契機に、米軍はフィリピン全土から撤退し、極東の軍事地図が書き換えられた。もし将来、富士山の噴火が始まると、その規模によっては厚木基地をはじめとする在日米軍の戦略が大きく変わる可能性もある。

富士山が噴火した場合の災害予測が、内閣府から発表されている。富士山が江戸時代のような大噴火をすれば、首都圏を中心として関東一円に影響が生じ、総額二兆五〇〇〇億円の被害が発生するという。

これは二〇〇四年に内閣府が行った試算であるが、東日本大震災を経験した現在では、この試算額は過小評価だったのではないか、と火山学者の多くは考えている。富士山の噴火が首都圏だけでなく関東一円に影響をもたらすことは確実である。まさに、富士山の噴火は日本の危機管理項目の一つと言っても過言ではない。

正しく恐れる

南海トラフ巨大地震が富士山の活動を誘発する可能性は決して低くない。こうした状況では、自然災害に対する正確な知識を事前に持ち、起きつつある現象に対してリアルタイムで情報を得ながら、早めに準備することが重要である。すなわち、過度の不安に陥るのではなく、「正しく恐れる」ことが大切と言えよう。

上に述べた火山災害の他にも、富士山では溶岩流や噴石、火砕流、泥流などの被害が発生し、ハザードマップに被災する地域が描かれている(図5-4)。

特に、噴火の初期には、登山客や近隣住民など、富士山の最も近くにいる人へ危険が及ぶ。また、溶岩流は一日〜一週間くらいかけて流れるので、後になってから流域の経済的被害が発生する。まずハザードマップを入手し、どのような被害が起こりうるのか知識を持っておくことが大切なのである。

一方で、公表されたハザードマップや国の報告書は、市民の目線で書かれていないので読みにくいという評判も聞く。それを受けて私はハザードマップの解説書(『富士山噴火』講談社ブルーバックス)を刊行したが、住居や仕事にどのような影響があるかを噴火の前に知ってい

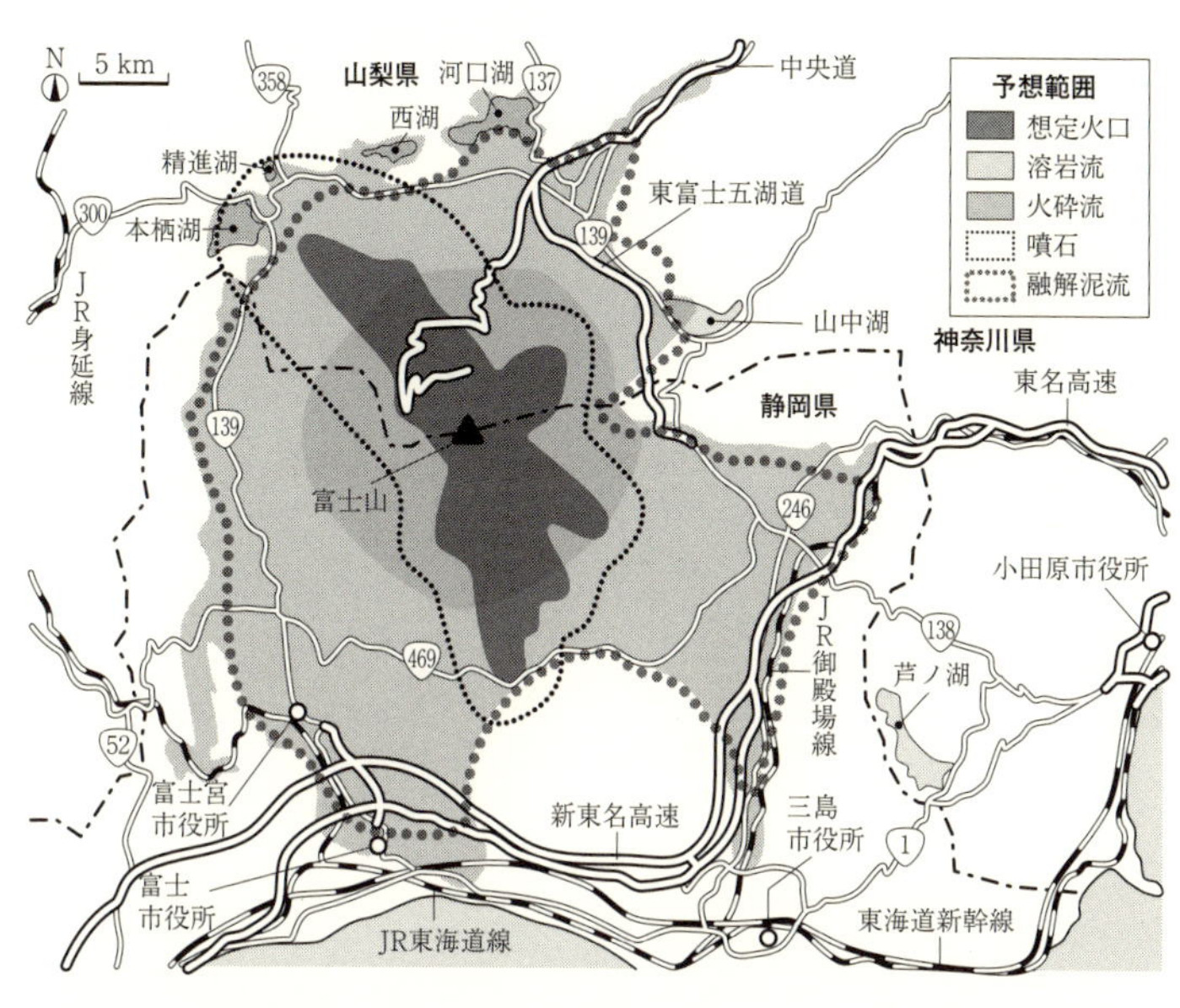

図 5-4　富士山のハザードマップ（火山災害予測図）．（内閣府による）

ただきたい。

自然災害を防ぐ最大のポイントは、「前もって予測し備える」ことである。不意打ちを受けたときに被害は増大する。事前に知識があれば、助かる確率は一気に上がるのである。

もう一つのポイントは、「自分の身は自分で守る」こと、である。国や自治体を頼りにするだけではなく、日頃から一人ひとりが備えておくことが大切である。

富士山を眺めるときには、その自然史にも思いを馳せていただきたい。二九〇〇年前の山体崩壊の後、富士山頂からは再び溶岩が何回もあふれ出し、醜く崩れた地形を徐々に埋めてきた。均整のとれた現在の姿ができあがるまでには、実に一〇〇〇〇年以上もかかっている。

日本人は『万葉集』以後、富士山の美しい姿を讃(たた)えてきたが、現在までの一〇〇〇年はちょうど運良く最も形の良い時期に巡り合わせてきたとも言える。私は「長尺(ちょうじゃく)の目」と呼んでいるが、こうした長期の視点でも富士山という大自然を捉えていただきたいのだ。

地面は揺れる、火山は噴火する、というのは、日本列島に住む人間にとって、避けることのできない現象である。噴火現象は、人間社会を基準にした時には「災害」という言葉が用いられる。実際、過去には日本列島全体を火山灰まみれにしたさらに大規模な噴火が何回も起きている(次章を参照)。

こうして眺めると、富士山噴火でさえ地球規模で見れば地上に起きるほんの小さな事件であり、自然界では当たり前の事象に過ぎない。どんなに科学技術が発達しても、火山の噴き出す膨大なエネルギーに対して、人間はただ逃げることしかできないというのも事実である。

一方、噴火の最初だけでも事前につかまえて、安全に避難していただきたいと、火山学者は噴火予知の研究に邁進(まいしん)している。人知を超える自然をコントロールすることはできないが、噴火災害を「科学」の力で軽減することは、近年ようやく可能となってきた。

そして、噴火と噴火の合間の穏やかな時には、風光明媚(めいび)な風景や温泉など「火山の恵み」を享受できる。それが日本列島の活火山との上手なつき合い方なのではないだろうか。

6 カルデラ噴火は起きるか

噴火は人間生活に大きな影響を与え、火山灰や溶岩流の災害を起こすだけでなく、時には文明を滅ぼすこともある。こうした噴火は「巨大噴火」と呼ばれ、大量のマグマが短期間に地表へ噴出する場合に起きる。

第4章でも紹介した火砕流という現象が発生し、高温のマグマが高速で地上を走り抜ける。具体的には、八〇〇度もの高温のマグマ粉体流(後述)が、時速一〇〇キロメートル以上で水平に駆け抜け、最大一五〇キロメートルもの距離の途上にあるすべての物を焼きつくす。

量にして数百立方キロメートルという大量のマグマが噴出した後の地上には、大きな穴があく。これは「カルデラ」と呼ばれる巨大な凹地であり、大規模な火砕流が出た際には必ず地上に残されるものだ。そして日本列島には一〇〇個以上のカルデラが確認されており、北海道や九州南部などに集中している(図4-1を参照)。

国内最大のカルデラは、約三万年前に形成された屈斜路湖(くっしゃろ)(北海道)で東西二六キロメートル、南北二〇キロメートルという巨大な陥没地形である。また、カルデラには水がたまるこ

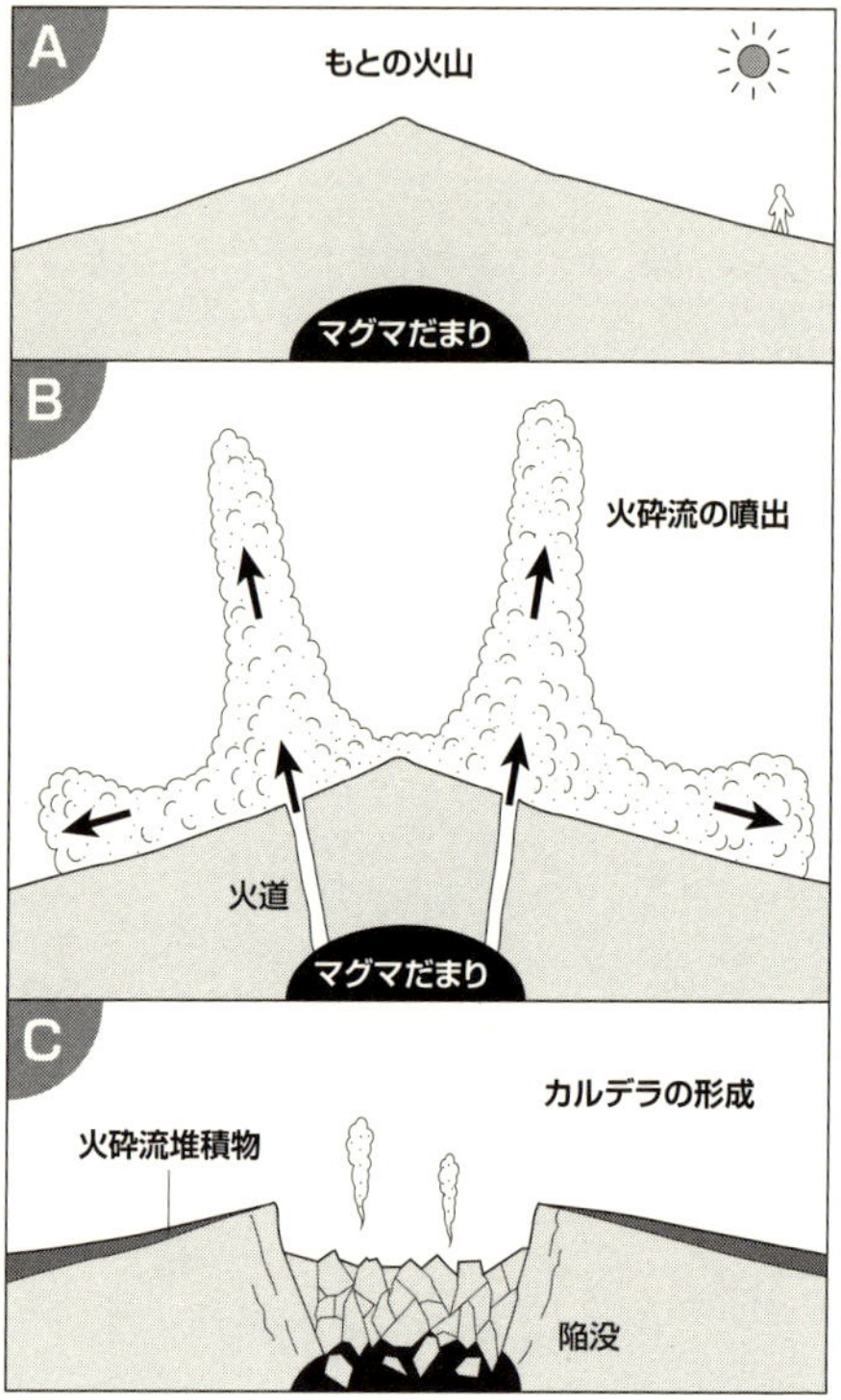

とが多く、洞爺湖（北海道）や十和田湖（青森県、秋田県）などの「カルデラ湖」ができている。
ちなみに、カルデラとはもともと大きなくぼみのある地形をいい、ポルトガル語（もしくはスペイン語）の「大鍋」に由来している。その成因としては一度に大量のマグマが出た時に地盤が沈下して形成されたものが多い（図6−1）。

なお、地面に大きな穴があいているものは、普通「火口」と呼ばれる。そこで火山学者は「火山に伴う凹地形のうち、直径が約二キロメートル以上のものをカルデラと呼ぶ。それよ

図6−1　火砕流の噴出とカルデラの形成

り小さいものは火口と呼ぶ」と定義した。

また、成因に関係した違いもある。一般に火口の大きさは、一キロメートルを超えないものが多い。したがって、それよりもはるかに大きな凹地形は、単純な爆発によってできたものではないだろう、という考えが生まれた。そこで火口と区別して特に大きいものを、別の原因でできたカルデラと呼ぶことにしたのである。

カルデラと火砕流

カルデラは一度に大量のマグマが出た場合に形成される。カルデラができる時には、大規模な火砕流が必ず出る。火砕流とは、熱く溶けた岩や軽石や火山灰が、ガスと混じって流れ出したものをいう。時速一〇〇キロメートルを超す速さで火山斜面を駆け降り、広い範囲をほぼ一瞬にして埋めつくす。また極めて流動性が高いので、遠方まで到達する。

大量のマグマが流出すると、マグマだまりの天井が抜けて、地下が空洞になる。その分だけ地上が陥没してカルデラができるのである。つまりカルデラとは地盤沈下の大がかりなもので、「マグマの抜けがら」と言ってもよい(図6-1)。

カルデラができるには、マグマがゆっくりと出るのではなく一気に抜けてしまわなければならない。その際、一番効率よくマグマを出す仕組みが、実は火砕流なのである。というのは、マグマは液体のままでは抵抗が大きいので、速く地上に出ることができない。よって、いったん火山灰や溶岩のかけらなどバラバラの形にして一気に外へ出すのである。

具体的には、霧状に細かくして抵抗を減らせば、大量のマグマが高速で地上に出ることができる。物理学では「粉体流」と呼ばれる現象だが、こうして巨大噴火が始まる。

阿蘇山が起こした四度の大噴火

世界を代表するカルデラとして、熊本県の阿蘇山を取り上げてみよう。カルデラの直径は東西一八キロメートル、南北二五キロメートルで、東京都二三区くらいの広さである(図6-2)。

図6-2 阿蘇カルデラの地形模型(佐藤鶴雄氏製作). 北から南を俯瞰した様子

一般に、複数のカルデラが重なり合って、一つの大型カルデラとなる場合が多い。阿蘇山のカルデラもその例に漏れず、四回もの大噴火によってできた。阿蘇カルデラの直径が特に大きい理由は、四回の噴火が同じ場所で重なったからだ。それぞれの回に巨大な凹地が形成され、世界でも最大級のカルデラへと成長したのである。

四回の大噴火は、大規模火砕流の記録が四回あったことで裏付けられている。こうした火砕流堆積物は古いほうから番号を付けて、阿蘇1火砕流、阿蘇2火砕流、阿蘇3火砕流、阿蘇4火砕流と呼ばれている。ちなみに、この名称は私が地質調査所で師事した小野晃司さん（一九二九―一九九八）という火山学者が命名したものだ。私は彼と出会ったお陰で火山学の魅力にとりつかれ、後年自分の職業とするに至った（『火山はすごい』ＰＨＰ文庫で紹介した）。

さて、九州には阿蘇カルデラから噴出した火砕流の堆積物が広く分布している。これらは低い所を埋めて、非常に平らな地形をつくっている。なお、最初の阿蘇1火砕流は、二七万年前に噴出し、四回目の阿蘇4火砕流は今から九万年前のものだ。

そして最後の阿蘇4火砕流が、阿蘇山でも最大規模の火砕流だった。最も遠いものは海を越えて山口県にまで達し、有明海を越えて島原半島に渡ったものもある。水の上では障害物がないので、あまり減速することなく遠くまで流れるのだ。

阿蘇火砕流はあまりにも高温であったので、不思議な現象が起きている。火砕流として飛び出した岩石が、熱によって軟化してもう一度流動したのである。つまり火山灰や軽石など、いったんバラバラの形になった固体が、再び液体に近い状態となった。そしてそれがさらに冷え固まって、溶岩のような硬い岩石になった。

火砕流の中にある軽石や火山灰は、もともと液体だったマグマが泡だってできたものである。野外で採ってきた軽石を実験室で真っ赤になるくらい高温に熱すると、軟化して流れ出す。それをゆっくりと冷やすと固結して、溶岩と同じくらい硬い岩石になる。それと同じことが阿蘇火砕流でも起きたのだ。

このような岩石は、火山灰が溶けたという意味で、溶結凝灰岩（ようけつぎょうかいがん）と呼ばれている。「溶結」とはものが溶けてくっつくこと、「凝灰岩」とは火山灰が凝縮して固まった岩、という意味である。ちょうど、ガラス細工をしていて、熱せられたガラスが引き延ばされたり、くっついたりするのと似ている。熱くした火山灰が、ガラスのようにくっついてしまったのだ。

軽石や火山灰が、溶結凝灰岩として固まるには、七〇〇度を超すような高温でなければならない。よって、阿蘇山のカルデラができた時には、九州の北半分が焼け野原になってしまったと考えられている。おそらく九州全土が、動物がどこにも棲めないような荒れ地になってしまっただろう。

阿蘇4火砕流の噴火は、空高く三〇キロメートル以上まで噴き上がり、さらに西風にのってはるか遠くまで飛んで行った。この時の火山灰は、日本列島のほとんどを覆った。驚くべきことに阿蘇4火砕流の火山灰は、北海道まで運ばれた。北海道東部には阿蘇カルデラから飛んできた火山灰が、一〇センチメートルほどの厚さで今でも残っている。

縄文人を絶滅させた

カルデラの形成時には激甚災害が発生した。こうした事実も地層の中に記録されている。九州南部の縄文人を滅ぼした巨大噴火を紹介しよう。日本列島でカルデラが形成された最新の噴火である。

　今から七三〇〇年前、薩摩半島の南約五〇キロメートルで海底噴火が始まり、直径約二〇キロメートルの鬼界(きかい)カルデラができた(図4-1)。噴出した火砕流は非常にフワフワした火山灰からなり、きわめて遠方まで飛来した。

　巨大噴火による火砕流は、当時の南九州に暮らしていた縄文人を直撃した。彼らが何千年にもわたって育んできた縄文文化を壊滅させたことが、縄文時代の集落遺跡の調査から分かってきた。

　鹿児島湾の最奥部には日本最古の縄文定住集落である上野原(うえのはら)遺跡がある。ここには約九五〇〇年前から縄文人が定住し、様々な形式の土器を作っていた。縄文式土器としては珍しい日本最古の壺型土器や、多様な貝殻文で彩られた土器が見つかっている。

　この文化は縄文早期と位置づけられているが、二二〇〇年以上は続かなかった。その理由が、鬼界カルデラから七三〇〇年前に噴出した大規模火砕流なのである。調査の結果、噴火前の南九州には、カシやシイなどの照葉樹が広く分布していた。ところが、噴火の六〇〇年後から九〇〇年後まで、照葉樹林が消滅してしまったことが、土壌中に残されている植物の遺骸起源の物質(植物珪酸体(けいさんたい)という)を調べることで明らかとなった。カルデラ噴火後の九〇〇年もの長いあいだ豊かな照葉樹林が復活しなかったのである。

　さらに土器の変遷を調べてみると、七三〇〇年前に九州に栄えていた九州貝殻文系土器文化と塞ノ神（さいのかみ）式土器文化が、噴火以後には消えていた。そして噴火後の九州には、他の地域で発達していた土器文化が、時間をおいて流入してきた。

すなわち、本州にある土器文化の伝統を継いだ轟（とどろき）式土器文化と、朝鮮半島から入ってきた曽畑（そばた）式土器文化が、噴火以後にゆっくりと拡散していった。こうして南九州では、人と文化が巨大噴火によって入れ替わってしまったのである。

ここで火山灰が西日本全体に広がったメカニズムを説明しておこう。火砕流から湧き上がった大量の火山灰は、上空の対流圏を突き抜けて成層圏まで流入した。ここに吹くジェット気流に乗って、細かい火山灰は東へ移動していった。

最初に南九州から四国を通って紀伊半島に到達した火山灰は、地表に一〇センチメートル以上も降り積もった。さらに近畿地方から遠く離れた関東地方まで厚さ数センチメートルの火山灰を降らせたのである。こうして長期間に西日本全域の植生が大きな打撃を受け、その回復には何百年もかかった。

桜島と姶良カルデラ

南九州には、鬼界カルデラの他にも、約二万九〇〇〇年前の鹿児島湾内で生じた姶良（あいら）カルデラがある（図4－1）。鹿児島市の一〇キロメートル東の海上にそびえる桜島は、姶良カルデラに関連する活火山である。逆に言えば、桜島のある鹿児島湾は、二万九〇〇〇年前の巨大噴火によって陥没してできたカルデラの名残なのだ。

現在、桜島南岳の五キロメートル下にはマグマだまりがあり、鹿児島湾の中央にある巨大なマグマだまりへ火道が連続している。姶良カルデラ中央部のマグマだまりには年間一〇〇〇万立方メートルのマグマが蓄積し、一部のマグマが桜島南岳へ供給されてきた。

姶良カルデラでは、噴火が近づくとマグマだまりが膨張し、周辺地域の地盤が隆起する。その後、噴火が起こってマグマだまり中のマグマが減ると、地盤は沈下する。このように噴火のたびに上下動が繰り返されるため、変動をくわしく観測することによって姶良カルデラのマグマ活動を監視している。

一九世紀インドネシアの巨大噴火

人類が巨大噴火を記録した例を紹介しておこう。一九世紀のインドネシアでカルデラ噴火が起きた。一八八三年の夏、ジャワ島とスマトラ島の間のスンダ海峡にあるクラカトア島が轟音とともに爆発した。

大噴火は火山島を吹き飛ばし、火砕流と津波の発生によって三万六〇〇〇人を超す犠牲者が出た。噴火の後には細かい火山灰が世界中を舞い、朱色の夕焼けが何カ月ものあいだ続いたのだ。噴火の影響は全世界に広がり人々に威力を見せつけた。

火山島のクラカトアは、一八八三年のカルデラ噴火まで「頂上が尖った形をした山のある島」として知られていた。スンダ海峡はスマトラ島とジャワ島の間にあり、東西貿易の主要航路だったのである。

一八八三年五月一〇日から予兆となる現象が始まった。轟音がひっきりなしに聞こえ、灯台がグラグラ動くのが目撃されている。船舶の船長たちは懸念を報告していた。その一〇日後に火山島から太くて白い煙の柱と灰がおよそ一一キロメートルの高さに噴き上がった。英国の新聞『タイムズ』は七月三日付でこの現象を報道したが、それは後の大噴火から比べればごくおとなしい予兆に過ぎなかったのである。

一八八三年の八月に巨大噴火が起き、陥没カルデラが形成された。さらに、発生した大噴火の音は太平洋の数千キロメートル四方に響き渡ったという。この大音響と同時に巨大津波が発生し、最初にセイロン島とインド東岸に達した。

津波はさらに南アフリカのポート・エリザベスを通過し、大西洋岸にあるフランスでも検潮器の針を振れさせた。また大噴火で発生した衝撃波はイギリスのバーミンガムでも記録されたのである。

さらに上空に舞い上がった細粒の火山灰が地球を駆け巡った。塵（ちり）とガスを含む雲が何カ月も大気圏内に留まった結果、平均気温の低下を引き起こした。

また、空中の塵は日の出と日没をあざやかな濃い色に染め上げた。というのは微粒子が太陽の光を散乱させ、波長の短い青と紫を吸収して波長の長い赤を目立たせたからだ。大噴火が生み出した美しい光の効果は、一九世紀当時の人々にとって未だかつて体験したことのないものだった。

クラカトアの大噴火には、もう一つ特記すべき事件がある。噴火の知らせが、海底に敷設された電信ケーブルによって、世界中にもたらされたのである。電信はカルデラ噴火の恐怖を世界中に短時間で伝え、現代のメディアと劣らぬ機能を果たした。社会学者のマクルーハン（一九一一―一九八〇）は、電子メディアの発達によって世界は一つの村のような存在に縮まると述べたが、まさにその事態が現出した。

カルデラ噴火の発生確率

日本は世界有数の火山国であり、狭い国土に地球上の活火山の七パーセントがひしめいている。その結果、クラカトアのような大規模な噴火は、かなりの頻度で起きている。具体的に見ると、日本列島では最近一二万年の間にカルデラ噴火が一八回起きた。計算すると約七〇〇〇年に一回の頻度で起きていることになる。

地質学の時間スケールで考えれば、日本ではクラカトアのような大噴火がいつ起きても不思議はない。というのは、プレート・テクトニクスから見ると、日本とインドネシアは同じ沈み込み帯上の弧状列島にあるからだ。先に紹介したように、最新の鬼界カルデラ噴火は七三〇〇年前なので、単純計算すると次の巨大噴火はもう来てもよいことになる。

ここでカルデラ噴火の発生確率を考えてみたい。神戸大学の巽好幸(たつみよしゆき)教授（一九五四―）らが過去一二万年に起こった噴火の規模と発生頻度を統計学から求めているので、以下で紹介しよう。

噴火の規模を表す際に「噴火マグニチュード」という尺度がある（噴火Mと略する）。噴出物の総重量から算出するものだが、カルデラを形成する巨大噴火は経験的に噴火M7以上ということが知られている。

なお、噴火M7とは、放出した火山噴出物量が東京ドーム約八〇〇〇杯分に相当する（重量では約一〇〇〇億トン以上）。ちなみに、富士山の宝永噴火（一七〇七年）は噴火M5・2で、鬼界カルデラの噴火は噴火M8・1である。

噴火M4以上の噴火記録を四五〇〇例集めて、噴火M7以上の噴火が今後一〇〇年間の日本列島で起こる確率を求めると、一パーセントという数字が出された。また、噴火M7よりも一〇倍大きい噴火M8の巨大噴火は〇・二五パーセントの確率で起きるとされた。

ちなみに、確率一パーセントという値は災害としては決して低い数字ではない。たとえば、一九九五年の阪神・淡路大震災が起きた前日の計算では、震度6弱以上の揺れが襲う確率が約一パーセントだった。その翌日に震度7が襲ったことは第1章で述べたとおりである。

「危険度」を計算する

次に巨大噴火による被害をシミュレートすると、最悪のケースでは以下のようになる。たとえば、二万九〇〇〇年前の鹿児島湾の姶良カルデラの噴火と同規模の噴火が九州中部の阿蘇山の付近で起きたケースを見てみよう。

この噴火では、火山灰などの総噴出量は四五〇立方キロメートルであり、第4章で述べた御嶽山（おんたけさん）噴火の数十万倍に相当する。また噴出した時速一〇〇キロメートルの高温火砕流は九州全域に広まり、七〇〇万人が死亡する可能性があると巽教授らは積算した。

さらに、偏西風で運ばれた火山灰は、四〇〇〇万人が住む西日本に五〇センチメートル積もり、東日本に二〇センチメートル積もる。ちなみに火山灰は数センチメートルの降灰で車による移動が不可能になり、約三〇センチメートルで家屋が倒壊しはじめ、ライフラインのほとんどが途絶する。

こうした結果、北海道の一部を除く一億二〇〇〇万人が生活困難になる非常事態が想定された。内閣府は南海トラフ巨大地震による西日本大震災に対して六〇〇〇万人の被災者を想定したが、巨大噴火ではその二倍にもなり、日本総人口の九五パーセントが被災する。

自然災害の危険度は、数値を同じ条件で表して比べてみると分かりやすい。たとえば、被害規模を発生間隔で割った値は、巨大噴火のように稀にしか起きない災害を定量的に評価する際に有効である。

具体的には、一年あたりに平均化された死亡者数を災害の「危険度」と考える。たとえば、一〇〇〇人の死亡者が出る地震に対して、その平均的な発生間隔が一〇〇年であるとすると、一年あたりの死亡者数は一〇〇〇人を一〇〇年で割った値、すなわち一〇人となる。

たとえば、第5章で紹介した富士山の山体崩壊は、平均すると約五〇〇〇年に一回起きている。この山体崩壊によって最大四〇万人の犠牲者が出ると試算されているので、一年あたりの危険度は四〇万人を五〇〇〇年で割った値八〇人と計算される。

いま巨大カルデラ噴火の危険度を、巽教授らの算出した一〇〇年に一パーセントの確率で発生する噴火M7以上の巨大噴火として求めてみる。死亡する七〇〇〇万人に対して計算すると危険度は二一〇人となる。また、九州・四国・本州で被災する一億二〇〇〇万人で計算すると三六〇〇人となる。

これを日常で遭遇する災害と比べてみよう。台風や豪雨による災害は八〇人、水難事故は八〇〇人、交通事故は四〇〇〇人と求められている。ちなみに、南海トラフ巨大地震は一万三〇〇〇人、首都直下地震は九〇〇人と計算される。

これを見ると、巨大カルデラ噴火の危険度が、台風や豪雨による災害よりはるかに大きいことに気付く。また、交通事故の危険度に匹敵することは、意外に思うのではないだろうか。

このように、めったに起きない低頻度の自然災害についても、発生間隔や被害規模を単独で比べるのではなく、「規模を間隔で割った危険度」を求めて比べると理解しやすくなる。

日本列島の巨大噴火

巨大噴火ではもう一つ重要なことがある。カルデラ噴火は一回の活動だけで終わりということはなく、阿蘇カルデラのように数万年の間を置いて複数回の大噴火を起こす例が多数知られている。よって、過去に起きたカルデラ火山では今後も起きる可能性が高いのではないかと火山学者はみな予想している。

なお、巨大噴火は突然始まることはなく、その前には規模の小さな噴火が多数起きると考えられる。すなわち、巨大噴火の前には前兆となる中小の噴火が続発し、最後に巨大噴火というクライマックスを迎えるのだ。

では、カルデラが噴火するまでには、どれくらいの準備期間があるのだろうか。近年、地下のマグマだまりが充満して巨大噴火を起こすまでのプロセスが研究されている。たとえば、噴火の前にマグマの中で結晶が成長する現象から、カルデラ噴火の準備期間が求められた。

一般に、マグマだまりの中で数百年から数万年ほどの時間をかけて結晶が成長することが知られており、噴出物に残された結晶を観察することによってその時間を推定できる。

それによれば、米国イエローストン・カルデラで六四万年前に起きた噴火の前には、二万〜五万年くらいの準備期間があった。また、米国のロングバレー火山の七六万年前のカルデラ噴火の準備期間は、五〇〇〜三〇〇〇年程度と推定された。ただし、こうした準備期間は火山ごとにばらつきが非常に大きく、現在でも研究途上にある。

実際には、カルデラ火山ごとに噴火のプロセスがまったく異なる、と言っても過言ではない。よって、噴火予知に際しては火山の個性を考えながら、長期にわたる観測データの積み重ねが必須となる。実は、日本列島でカルデラ噴火はいつ起きても不思議はない状況にあるが、火山観測施設は圧倒的に少ない。同様に、研究者の数も活火山の数(一一一個)に比べて極端に足りないという現実がある。

巨大噴火は事例の極めて少ない現象であり、日本国内だけでは備えようがないのが実情とも言えよう。国民の半数以上が数年分の食料備蓄をするとか、西日本に居住できなくなった場合に東日本でどう生き延びるか、など思考上のシミュレーションから始める必要がある。

既に述べたように巨大地震は地域に壊滅的な災害をもたらしたが、巨大噴火はそれ以上であり、文明さえも滅ぼしてきた。さらに人類だけでなく多くの生物にとって長期にわたる影響があることを、日本列島の歴史は教えてくれる。

自然界のリスクを判断する際には、長期の時間軸で見る必要がある。たとえば、南海トラフ巨大地震は一〇〇年に一回の頻度で起きた。また、東日本大震災を起こした巨大地震は一〇〇〇年に一回だった。このように日常生活では考えもしない時間軸で動く日本列島の地盤に我々は住んでいる。一〇〇年や一〇〇〇年という「地球の歴史」の視点を持ちながら、地殻変動帯の大自然と付き合っていただきたい。

7 「想定外」に起きる災害への対処——「知識」から「行動」へ

東日本大震災という未曾有の災害を経験した日本は、西日本大震災や首都直下地震などさらに大きな巨大災害の可能性に直面している。ここでも災害は「想定外」に起きることは必定だが、その対処という点では十分な準備がされているとは言いがたい状況である。

私は東日本大震災が起きてしまったのは、思考力や想像力の欠如という面が大きいのではないかと考えている。確かにこの震災は、一〇〇〇年ぶりという超弩級の地震によって引き起こされたのだが、我々地球科学者にその知識が皆無だったわけではない。

今から一一〇〇年ほど前の八六九年に、今回と同規模の巨大地震が東北地方の太平洋岸で起きていた。貞観地震と呼ばれるものだが、M9クラスの地震が起き、高さ一〇メートルを超える津波が沿岸を襲っていた事実は少数の地質専門家には知られていた。

この痕跡が宮城県の地層に残されているが、調べてみると襲われた場所は今回の被災地域と驚くほど似ている。すなわち、科学者は一一〇〇年前に起きた地震災害に関する「知識」は持っていたが、思考力や想像力が鈍っていたため、同じことが起きると想像できなかったのだ。

思考力と想像力の欠如

こうした「想像力の欠如」を指摘した科学者の一人に、物理学者の寺田寅彦(一八七八―一九三五)がいる。明治生まれの寺田は夏目漱石の弟子でもあり、東京帝国大学理学部教授を務めていた。『吾輩は猫である』に登場する水島寒月や『三四郎』の野々宮宗八のモデルが寺田であることは有名だ。彼は一九二三(大正一二)年の関東大震災を体験し、一九三五年に五七歳の若さで死去した。

寺田は関東大震災の直後から「災害を大きくしたのは人間」という卓見を表明した。彼はこう述べる。「災害を大きくするように努力しているものは誰あろう文明人そのものなのである。」(「天災と国防」、『新版寺田寅彦全集』第七巻、岩波書店、三一四ページ、以下では「寺田全集」と略記する)

寺田は帝都の被災状況をつぶさに観察したあと、地震の研究は科学者の興味で行うだけではなく、防災という観点から遂行する必要があることを痛感した。彼は自然災害について人間の文明発達と絡めて論を展開し、「文明が進めば進むほど天然の暴威による災害がその劇烈の度を増す」(寺田全集第七巻、三一三ページ)と断言した。

こうなる理由は、「文明が進むに従って人間は次第に自然を征服しようとする野心を生じ

（中略）自然の暴威を封じ込めたつもりになっている」（同、三一三～三一四ページ）からである。

この文章は、まさに現在の状況を予言しているではないか。世界屈指の地殻変動帯に住みながら、地震と津波に対する防御が極めて不十分である。しかも日本人は首都圏をはじめとする大都市に人とシステムを集中させ、その勢いは関東大震災はおろか東日本大震災の後も留まることを知らない。

寺田はこう記す。「災禍を起させたもとの起りは天然に反抗する人間の細工である（中略）災害の運動エネルギーとなるべき位置エネルギーを蓄積させ」（同、三一四ページ）てしまったのが文明なのだ。

実は、寺田の生き方は私に大きな影響を与えた。私は二三歳から国立の研究所（通産省地質調査所）で火山研究を始めたのだが、今から二〇年前（一九九七年）に京大へ移籍してから基礎的な研究だけでなく、科学を伝える仕事を私の重要な課題として位置づけた。すなわち、地震国・火山国の日本列島で災害に遭遇しないためのアウトリーチ活動である。こうした仕事を行う際に参考になったのが、若い頃に親しんだ寺田だったのだ。

彼は今で言う「科学コミュニケーション」の草分けの仕事をした。興味深く理解しやすい「ストーリー」を学問のアウトリーチに用いた寺田は、私の手本となった。そして「面白くてタメになる」が私の標語となり、「ストーリーとしての科学」が理系書を執筆する際の指針となったのである。

この方針の下に二〇年にわたって努力してきたのだが、たいへん残念ながら、人々はなかなか動かなかった。そうした最中に東日本大震災が起きてしまったのだ。

野口晴哉の視座

地震も噴火もともに自然界に蓄積されたエネルギーの発露であり、良いも悪いもない。そのエネルギーを上手に使いこなすか、もしくは災害を増幅させてしまうかは、人間の所為による。こうした見方を打ち立てた思想家に、野口晴哉(一九一一―一九七六)がいる。

野口は日本で初めて「整体」という言葉を用いてこれを普及させた。関東大震災の直後から身体に関する指導を始めた彼は、「自分の身は自分で守る」整体を提唱し、自分の健康は自らで管理する方法論を説いた。

たとえば、風邪のようなちょっとした病気まで薬で無理に治すと、人間の自然治癒力を損ない、より大きな病気にかかりやすくなる可能性がある。そこで野口は、風邪にかかるのは人体に何らかの必然性があるからだ、と考えた。発熱には体全体の歪みを正す効果があり、無理に避けるべきものではない、と説くのだ。

代表作の『風邪の効用』(ちくま文庫)ではこう述べる。「風邪を全うすると、自ずから改まる体の状態がある。栄養過剰とか、そのための気分の鬱滞とか、億劫になるとか、体が妙に重くて疲れたような感じとか(中略)風邪を経過すれば、自ずから消失してしまいます。」(二〇

四ページ）

風邪は必要があって体を通り過ぎてゆくものと考える野口は、「風邪を経過する」と表現する。「経過した後は体を休めねばならない。高熱の後平温以下になったら安静にする。（中略）風邪を経過するのに働いた処に休みを与えると、後は丈夫になる。」（同、一三八ページ）

現代人はちょっとした風邪でもすぐ薬を飲んで、症状を緩和させて仕事を続けようとする。こうして無理をするのが体に良いはずはない。

つまり、風邪を薬で無理に治すと、本来体が持つ自然治癒力を損ない、かえって大きな病気にかかりやすくなる。よって、風邪の症状を部分的に見て「対症療法」に走るのではなく、もっと体全体のことを考えるべきなのである。

そして各個人が体の中にある働きを自覚し発揮すれば、他人の力を借りなくても丈夫になれる。我々が日常かかる風邪には、鈍くなった体を調整し弾力を回復させるプラスの働きがある、と野口は考えた。ここには、部分的な症状に振り回されることなく体全体のバランスを図るホーリズム（全体論）の優れた視座がある。

頭より体のほうが賢い

ここで私が野口晴哉を知ったきっかけを語っておこう。大学一年の時、先輩から文化人類学者の山口昌男（一九三一―二〇一三）が著した『知の遠近法』（岩波現代文庫）を勧められた。ここに『風邪の効用』が紹介されており、近代科学の弱点を克服し複雑な現象をマクロに捉える視座を提供する思想家として、私の印象に強く残った。

その後、地球科学を専門とするにつれ、私は改めて野口の考え方に興味を持つようになった。地球科学はプレート・テクトニクスからプルーム・テクトニクスへと進化し、細分化された要素研究から脱して地球全体を統合的に研究する手法が主流になってきたからだ。

なお、プルーム・テクトニクスとは、地球上をプレート(plate)が動く原動力を明らかにした理論で、プレート・テクトニクス後の地球科学の立役者となった。プルーム(plume)は英語で「もくもくと上がる煙」という意味であり、プレートの下にあるマントルで物質が大規模に循環していることを、プルームを用いて説明した。地球の内部ではマントルがゆっくり対流しながら上下方向に移動し、プレート運動を引き起こしていたのである。

さて、火山学から始まって生物学も含む自然科学そのものの構造に興味を持った私は、三九歳から「整体」を本格的に学び始め、その世界観と身体論にも関心を持つようになった。たとえば、風邪は「治すべき」ものではなく「経過すべき」ものという野口の考え方について、私は「頭よりも体のほうが賢い」というフレーズで学生たちに紹介した(『座右の古典』東洋経済新報社)。

また、野口の発想から「想定外に起きる自然災害から身を守る」コツを見いだすことが可能なのではないかと考え、『一生モノの超・自己啓発――京大・鎌田流「想定外」を生きる』(朝日新聞出版)を上梓した。「自分の身は自分で守る」ためには、自分の身体の外部にある「文化装置」に頼ることなく、体の指図に素直に従う生き方がポイントになるからだ。

科学の歴史を振り返ると、これまで物理学や化学は研究対象をどんどん細分化し、専門化することで発展してきた。しかしあまりにも細分化しすぎることで物事の一部分しか見られなくなり、全体を統合して判断することが難しくなるという弊害も生じた。いわゆる「木を見て森を見ず」の状態である。これに対して、地球科学の発想は、ホーリズムによってマクロに物事を見るという特徴があるのだ。

関東大震災という経験

実は、寺田寅彦と野口晴哉には、関東大震災が自らの思想と行動に大きな影響を与えた点で共通点がある。高知県出身の寺田は、小さい頃から台風や津波の災害を身近に感じ、自然災害へ強い関心を持っていた。関東大震災の原因を真剣に考えた寺田は、「文明が進むほど天災による損害の程度も累進する傾向がある」(寺田全集第七巻、三一六ページ)と書いた。

彼は日本列島に暮らす脆弱性を指摘した最初の人物でもある。私の同僚には「東日本大震災で現実が寺田に追いついた」と見なす地球科学者が少なからずいる。また同様に、野口も七〇年ほど前に整体の考え方を確立し、その自然観に現代医学は何十年もたってから追いついた側面がある。

近年、寺田は『新版寺田寅彦全集』のほか『寺田寅彦随筆集』（岩波文庫、全五巻）、『天災と国防』（講談社学術文庫）、『天災と日本人』（角川ソフィア文庫）、『地震雑感／津浪と人間』（中公文庫）などの科学エッセイが刊行され、野口も『風邪の効用』『整体入門』『体癖』（いずれもちくま文庫）などが刊行された。両者のエッセイには、人間の文明や過剰な意識がもたらす災禍への警告が随所に見られる、という共通点があるのだ。

以下では、彼らの残した言葉を追いながら「想定外」に起きる災害への対処法を考えてみよう。キーフレーズは本章の副題にも示したとおり「知識から行動へ」である。

自分の身は自分で守る

寺田寅彦は日本で最初に地震災害に対する一般人向けの啓発活動を行った科学者である。地震や噴火など自然現象の見方と対処法に関して、素人（しろうと）に向けて真剣にかつ丁寧（ていねい）に語りかけたのだ。

こうした活動は一般に「アウトリーチ」と呼ばれ、啓発と教育を併せた意味が込められている。英語のアウトリーチ（outreach）は、動詞の「手を差し伸べる」（reach）と副詞の「外側へ」（out）を合体した名詞で、専門家の外側（一般市民）へ手を差し伸べるイメージが含まれている。たとえば、一般市民や生徒にとって必要な情報を、専門家や教師が効果的に伝える技術と言ってもよいだろう。そして寺田と野口には、情報をどう伝えればよいかについて腐心した共通点がある。

寺田は、地震・津波・噴火・台風などに関する基礎科学の研究を進めるだけでは、市民を災害から守ることが不可能なことに、早くから気づいていた。これに関するエッセイを集めた寺田全集第五巻には、「自然現象の科学的予報については、学者と世俗との間に意志の疏通を欠くため、往々にして種々の物議を醸す事あり」（「自然現象の予報」、四三ページ）と書かれている。

これは一九一六（大正五）年に記された随筆の一節だが、まさに東日本大震災の起きる一〇〇年近く前に、こうした状況が既に始まっていたのだ。

最初に寺田は、「学者と世俗との間に存する誤解の溝渠を埋むる端緒」（同、四三ページ）を、科学者のほうから作ろうとした。すなわち、市民自らが地震などの正しい知識を持ち、「自分の身は自分で守る」態勢を整えなければ災害を軽減できない、と寺田は考えたのである。

腰がなかなか動かない

自らも俳人であり文学に造詣の深い寺田は、非専門家が理解できる言葉を使い、彼らが関心を持てるようなテーマを用意して、分かりやすく科学を語ろうとした。これが後世に科学随筆として残された膨大な著作群である。

彼は自然災害に対する適切な対処法を市民へ伝達しようと一所懸命に努力したが、実際には効果がなかなか上がらず悩んでいた。一九二三(大正一二)年の関東大震災を経験した彼は、いかにして将来の大災害を防ぐかについて考え続けたのである。

市民の役に立ちたいと考える科学者は、地震や台風など不定期に突発する災害に対して、危機感をもって啓発活動を行う。しかし、いくら準備の大切さについて口を酸っぱくして語っても、行動しようとせず「腰が動かない」人々がほとんどである。こうした状況に寺田は苛立ちを覚え、一九三五(昭和一〇)年に「中央公論」誌上で読者へ問いかけた。

「よくよく考えて見ていると、災難の原因を徹底的に調べてその真相を明らかにして、それを一般に知らせさえすれば、それでその災難はこの世に跡を絶つというような考えは、本当の世の中を知らない人間の机上の空想に過ぎない」(寺田全集第七巻「災難雑考」、三五一ページ)

つまり、専門家が「大地震は必ず来る」と知識を伝えただけでは、市民は行動してくれないのである。私が経験した阪神・淡路大震災(一九九五年)もそうだったし、東日本大震災(二〇一一年)もまったく同様だった。

太平洋で巨大地震が発生したにもかかわらず、津波がやってくる前に高台へ逃げなかった方が大勢いたというのが事実だった。人々の腰が動き、避難行動を起こすようになることは、思ったよりもずっと難しいのである。

関東大震災の直後に寺田がかかえた悩みは、我々地球科学者が現在かかえている問題とまったく同じである。たとえば、「一〇〇〇年ぶりに始まった地震や噴火の活動期はまだ終息していない」というメッセージが一向に伝わらないことに、現在、私自身は強い危機感を覚えている。

このような人間の性(さが)について、野口は別の観点から思索した。そもそも人は自分で「思い込んだ」ことだけが頭に入り、他人の知恵を「こう思いなさい」と押しつけても一向に入らない。よって、自分の中に思い浮かんだことが、正しい方向へ広がるようにもっていかなければ、何も変わらないという考えに至るのである。

野口の考えを知った私は、私もそしておそらく寺田も専門家の立場として「知識を与えること」しか行ってこなかったことに気づかされた。野口は、教えることは易しいが、教えたことを実行させることはずっと難しい、と最初に指摘する。すなわち、「教える」に留まるのではなく「実行してもらう」「自発的に続けてもらう」ように人々を変えていかなければ効果が出ないのである。

「行動したくなる」ように心を誘う

東日本大震災は関東大震災の八八年後に起きたが、アウトリーチの成果はなかなか上がらない。こうした際に野口が発案した身体論の技術を使ってみることで減災が機能するのではないか、と私は考えるようになった。

人間の心と体は密接に結びついていると考える野口は、「そもそも人に新しいことを学んでもらうときに、どうすればよいか」を具体的に説く。そのポイントは「やりたくなるように心を誘うこと」、すなわち相手が「快い」と感じる状態を作ることである。

言い換えれば、相手の「潜在意識」に何かそうしたくなるような心を呼び起こし、そのようにさせてゆく潜在意識教育である。ちなみに、この「潜在意識教育」という言葉は野口の発案で、人が身体の動きを変える際に重要な手法の一つと考えられている。

相手が「したくなるような快いイメージ」を持つようになって初めて、その人と良いコミュニケーションがとれる。したがって、まずやりたくなるように「心を誘う」ことが根本にあるべきなのだ。

よって、腰が動かない人、つまり行動を起こさない人には、潜在意識に働きかけて腰が動くようにしなければならない。そのためには、まず、イメージできることは言葉や論理できちんと伝える。次に、その人が実際に行動できるメニューを具体的に示すことが必要なのである。

では、具体的な問題で考えてみよう。寺田は専門の地震や津波の防災に関して、情報を受け取る側の人間と与える側の科学者との間に横たわる溝（ギャップ）を問題にした。「津浪と人間」という随筆ではこう述べている。

「学者の方では「それはもう十年も二十年も前にとうに警告を与えてあるのに、それに注意しないからいけない」という。するとまた、罹災民は「二十年も前のことなどこのせち辛い世の中でとても覚えてはいられない」という。これはどちらの云い分にも道理がある。つまり、これが人間界の「現象」なのである」（寺田全集第七巻、二八八ページ）と寺田は冷静に事態を見つめるのだ。

「想い浮かべる」力

これに対して野口は、何事も「今の興味」に結びつけなさい、と説く。もし、それがうまくいかないのであれば、興味の誘導法に問題があるのだ。たとえば、津波が来る前に避難行動ができるようになるには、その前に「想い浮かべる」ことができるかどうかがポイントとなる。

すなわち、心を導くには「意志」の力ではなく「想い浮かべる」力のほうが効果が出る。そして、自分の意志と想い浮かべたことが一致すると、そこから初めて行動を起こす力が出ると彼は説く。したがって、もし想い浮かべることを相手に対して上手に誘導できれば、その人の中に動く力を呼び起こすことができるのだ。

たとえば、世の中で「信念」というのは、こうした意志と想い浮かべたことが一つになった状態なのである。こうして彼は、意志が発現する前に想い浮かべる重要性を繰り返し指摘する。

これに加えて、想い浮かべたことを、次々と連鎖的に続けて想い浮かべさせることが大切である、と野口は説く。たとえば、想い浮かべた内容の一つ先が想い浮かぶようになると、最初に想い浮かべたことが「行動として持続する」ようになる、と言う。ここに至って初めて新しく学んだことが消えてしまわずに、継続して残るのだ。

ここで心理学を学んだ読者は気づかれたかもしれない。野口の技術は短期記憶を長期記憶に定着させるテクニックと非常に近い。たとえば、大学受験の際に多くの生徒が訓練する方法論でもある(『一生モノの受験活用術』祥伝社新書を参照)。

具体例を出してみよう。「福山モデル」という言葉を覚えるとき、「福山城」(広島県福山市)とつなげる仕方と「福山雅治」とつなげるやり方がある。前者は「姫路城」、「白鷺(しらさぎ)」と連鎖が拡大し、後者は「植田正治」(鳥取砂丘の写真家)、「吹石一恵」(女優)と連鎖が拡大する。それぞれ目的に応じて連鎖の拡大を行えば良いのだが、こうして新規の知識が確実に定着してゆく。これを地球科学の防災知識を市民に伝える際にも応用すれば良いのである。

実は、こうした考え方を知る前の私は、専門家が大事な情報を抜き出して市民に提示するだけで十分だと考えていた。そのため、新書版で分かりやすい防災の本を書き、講演会やテレビで精力的に解説を行ってきた。そして、こうした営為でアウトリーチの仕事は完了とすら考えていたのだ。

しかし、東日本大震災に遭遇し、大事な点が抜けていたことに気づかされた。つまり、専門家が「伝えた」だけでは市民には十分に「伝わって」いなかったのである。確かに、首都直下地震がいつ起きても不思議はないこと、また南海トラフ巨大地震が迫っていることを知らないではない方が次第に多くはなってきた。それにもかかわらず、寝室のタンスを動かさない人は今でもあまりにも多いのだ。

私の仕事はこうした人々へ、家具を固定して、水や食糧を備蓄するように腰を動かしてもらうことである。その端緒として、地震が来る前に、地震が来た後の「イメージ」を明確に想い浮かべていただけるかどうか、がポイントなのだ。野口の説く「行動の力としての空想」を励起（れいき）する必要があるのである。

相手に合う手段で情報を伝える

次に、情報伝達の問題について考えてゆきたい。物理学者の寺田寅彦は「天災は忘れた頃に来る」という名文句を残している。これは正確には彼自身が書いた言葉ではない。寺田の弟子であった中谷（なかや）宇吉郎が「先生が防災科学を説く時にいつも使われた言葉」と紹介したことから有名になったものだ。

火山噴火の場合、この名文句の関わる状況が少し違ってくる。日本列島の活火山では、三〇〇年ぶりの富士山の噴火や、数千年ぶりの御嶽山（おんたけさん）の噴火という現象にしばしば出くわす。すなわち、「忘れた頃」どころか、「忘れてからさらに長い時間がたった頃」にやってくるのが、活火山の噴火なのだ。

地球科学を専門にする私が世間との違いを一番感じるのは、こうした際に取り扱う時間に対する「感覚」である。我々地球科学者は何千年はおろか、すぐに何億年などと言い出すので、市民にはピンとこないのだ。それが、地球の営為をなかなか理解してもらえない原因にもなっている。

実際、東日本大震災でも、このことが大きな災害を引き起こす要因となった。一一〇〇年ぶりの巨大津波は、地質学では普通に使う時間の範囲内にある。よって、我々専門家は起こる可能性がゼロではないと予想をするのだが、この時間スケールは日常生活で準備できる期間ではまったくない。ところが、こうした自然災害こそ長い時間軸、すなわち「長尺(ちょうじゃく)の目」で扱わなければならないのだが、それをうまく伝える手段を我々はまだ持っていない。

専門家が早急に身につけなければならない技術の第一は、「やりたくなるように心を誘う」伝え方である。これに加えて、次の条件が必要となる。「相手の頭に入りやすい手段を選んで情報を伝える」ことと、「空想の中に現実を描かせる」こと、の二点である。

最初の条件では、相手の分かる言葉を用いることが基本となる。ここでは専門家として中身を深く理解している「学力」だけでなく、表現者として話を分かりやすく嚙(か)み砕く「技術」も要請される。

これについて寺田は「教育映画について」という随筆で、興味深い議論を展開する。

「教育映画を作るのはなかなか容易でないことも明白である。時間と労力と金とを費やすだけでは十分でない。撮影者が単に映画のテクニークに通暁(つうぎょう)しているばかりでなく、その対象に関する十分な知識をもっていることが絶対に必要である。それかといって単なる学者では勿論(もちろん)駄目である。「映像の言葉」の駆使に熟達した映画監督の資格を同時に具(そな)えていなければならない。そういう人はなかなかそう容易(たやす)く見附かるものではない。」(寺田全集第八巻、二一六ページ)

私は地球科学のアウトリーチの経験で、「伝える」から「伝わる」へ、がコミュニケーションの基本にある、と考えてきた(『火山と地震の国に暮らす』岩波書店)。専門家は市民に情報を「伝える」だけで仕事が終わったと考えてしまうが、それだけでは不十分なのである。つまり、「自然に伝わってしまう」状況にならなければ、本当には伝わっていないのだ。

ここで専門家には、「伝える」ための単純作業だけでなく、「伝わる」ための努力と技法的な仕掛けが要求される。小学校の授業で言うと、教師が一方的に伝えただけでは、生徒にはちゃんと伝わらない。よって、自然に伝わるための教材の選定、説明の仕方、黒板への文字の書き方など、数多くの伝わるための技術が必要とされるのだ。

大学の講義で言えば、学生たちに自然に伝わるように、動画を見せたり、実験をやって見せたりする。私もビジュアルな噴火映像を用いながら、寺田の言う「「映像の言葉」の駆使」を行ってきた。また、火山の現地へ連れて行ったりするのも、「伝わる」ための努力の一環である。本当に「自然に伝わる」ためには、野口の説くように受け手の潜在意識に対する適切な働きかけが必要なのだ。

「指さし法」という伝える技術

では、もともと関心の薄い一般市民の注意が向くように持ってゆくには、どうすればよいだろうか。実は、学生の場合は「地球科学入門」の単位を取るというモチベーションがあるので、そこに働きかければ良かった。しかし、こうした意識のない人々に対しては別の仕掛けが必要なのである。

教育映画に高い関心を持っていた寺田は、こうした「注意の集中」に関して、動物の生活を見せる映画を例に出して考えを巡(めぐ)らす。「動物はなかなか此方(こちら)の註文通りに動いてくれないし、またせっかく註文通りの部分なり挙動を示しても、その瞬間に観者の注意がそこへ向いていなければ何にもならない。」(「教育映画について」、寺田全集第八巻、一二五ページ)

具体的には、動物園で本物のカバを見せるのと教育映画でカバを見せるのと、何がどう違うのかという問題である。

「映画の場合では撮影者が長い時間とフィルムを費やして撮影した夥(おびただ)しい材料の中から、無駄なものを省略し、最も重要なものだけを選び出し、それを巧みに編輯(へんしゅう)してあるから、観客は極めて短い時間の間にこの動物のあらゆる特徴を最も純粋にまた最も強調された形において観察することが出来るのである。あの大きな口の中の造作でも、それが大写しになってそれだけになって現われるときに始めて吾々(われわれ)は十分な注意をそれに集中することが出来るのである。それは外に注意を牽制(けんせい)すべき何物もないからである。」(同、二一五ページ)

これと同じように、見せたいものに対してしっかりと「指で指し示して」注意を喚起する方法がある。私は「指さし法」と呼んでいるものだが、情報伝達を行う前の作業として有効な技術である。

相手の「体癖」に沿って言葉を選ぶ

一方、野口晴哉は『体癖』(ちくま文庫)で、人間の身体を体癖(たいへき)で分類し行動を予測する考え方を提示した。

もともと人には向き不向きがあり、自分に合っていないことについては、いくら体が元気でも気分が乗ってこない。これは体の相性の問題なので、頭の意識を変えても同じである。しかも、やればやるほどうまくいかないので、かえってエネルギーを浪費することになる。こうした人の体に備わる「向き不向き」の全体像に対して野口は「体癖」と呼んだ。

体癖とは、文字どおり身体の癖(くせ)のことである。人にはそれぞれ身体の癖があり、それによって行動特性や感受性の傾向が変わるというのだ。したがって、相手の体癖を観察し、相手の身になって考え、ものを言わなければならないのである。その際に、相手の体癖に沿って言葉を慎重に選ぶ必要がある。

たとえば、楽しいことは受け手の体癖によってすべて変わる、と野口は説明する。というのは、体癖によって各人が楽しく感じることの内容がまったく変わるからである。よって、自分の体癖を知り相手の体癖を知り、体癖ごとに言葉を使い分けるのである。

相手の体癖に応じて、それにきちんと合った方向で言葉掛けを行えば、相手の腰が動くようになる。その反対に、相手の体癖に合わない言葉を何百と言っても、まったく効果がない。たとえば、親が子どもを叱ったり褒めたりする際にこの問題が如実に現れる。もし親子の間で良好なコミュニケーションを望むのであれば、体癖の観察が必須で、他人の体癖を知る訓練を普段からしておかなければならないのだ。なお、野口が行った実際のやり方については、妻の昭子(近衛文麿首相の長女)が『回想の野口晴哉　朴歯の下駄』(ちくま文庫)を著しているので参考にしていただきたい。

正確な観察と誘導

ここには二つの技術上のプログラムがある。一つ目は正確な観察で、二つ目は自分が観察したように相手を誘導していく技術である。

二番目の誘導の技術に関して重要な点は、背後に隠れている相手の「要求」を正確につかみ取ることである。すなわち、人間が潜在意識で行う動作の背後に潜む要求を見抜く必要がある。

ここで、相手が言葉に出せないでいる「潜在意識の願望」を読み取る技術が要る。というのは、人が体に現す動作には、必ず内心の願望が込められているからだ。よって、人を理解するということは、相手が言葉に出せないでいる潜在意識の願望を丁寧に読み取ることにある。しかも、個々の体の動きからその願望を見抜かなければならない。

地球科学のアウトリーチ現場で言えば、教室の大学生、講演会の聴衆、本の読者、テレビの視聴者と、相手によって潜在意識の願望は異なる。したがって、同じ内容でも伝える相手によって、異なる方法や代替案が必要となるのだ。たとえば、大学の講義そのままを持ち込むのか、研究のエピソードで説明するのか、経済や政治の現実問題を前面に出すのか、美徳や倫理の話題で語るのか、人生の過ごし方に絡めるのか、等々のバリエーションである。

さらに、伝える相手が不特定多数かどうかによっても変わってくる。時にはマグマをイメージする赤い服で軽やかに、時には学問の権威に重心を置いて、また失敗談を交えながらユーモラスに、多彩な表現を駆使しつつ科学を伝える方法がある（くわしくは『京大理系教授の伝える技術』ＰＨＰ新書を参照）。

「ロールモデル」を提示

また、野口は「空想の中の楽しさがあれば疲れない」という方法論をアドバイスする。

「あらゆる行動の元に要求がある。だから、雪合戦などしている時は寒くない。お使いに行かされると寒い。自分の要求から行動しないとそうなる。」(野口晴哉『整体入門』ちくま文庫、七四ページ)確かに、スキーの楽しさを想い浮かべると、風も寒さも気にならない。夜行バスでスキー場にたどり着き、徹夜して滑っても疲れないものである。

さらに、現実の世界で「手本」を見せることも重要になる。すなわち、空想の中に現実をイメージさせるのだが、こうした手本は心理学で「ロールモデル」と呼ばれる。ロール(role)とは役割のことで、ある役割を正しく行うモデルを見せるのである。適切なロールモデルを提示して、これに従えば簡単にできますよ、と導くのだ。

私はこの手法を取り入れて、地震防災の講演会では私自身がロールモデルになるように努めている。ここで大事な点は、話を聴いた人が自分も同じようにできる、つまり身近にイメージできる、ということである。

たとえば、「水とペンライトを持ち歩いている」「寝室の枕の上にはぬいぐるみしか置いていない」などと語るのだが、時には「溢(あふ)れた本を収納するためにマンションを買い替えるはめになった」と面白おかしく語るのである。

ここにはもう一つ重要なポイントがある。野口は「空想の中に描いた現実は、今ある現実よりももっと力が強い」と指摘している。したがって、私も講演会では空想の中に描きやすい「マンションを買い替えた」という笑い話をするのだ(実話である)。

ここで注意していただきたいのは、「自分の身は自分で守る」行動が決して簡単なことではない、という点である。たとえば、マンションの買い替え、引っ越し、ローンの支払いという人生上や家計上の重大事に直面することであり、時には年老いた両親をどうするかという切羽詰（せっぱ）まった事態が生まれるかもしれない。

そして、こうした難事を乗り切ってまで「自分の身は自分で守る」行動を起こさなければ、やがて確実にやってくる南海トラフ巨大地震と首都直下地震と富士山噴火に対して備えたことにはならない。すなわち、「生き延びること」は、本当は決してたやすいことではないのだ。

既にお気づきのことと思うが、分かりやすいエピソードと楽しいトークの背後には、実は「人生上の重大な決断」が潜んでいる。こうした現実も、私が聴衆に伝えなければならない大切な課題の一つなのである。

「空想」で明るいイメージを描かせる

さて、こうして「空想」の中に現実を盛り込んでゆくさまざまな話術が、アウトリーチの基礎になる。防災では目の前に見えない事象を想像できるかどうかが鍵になるが、ここでは空想の方がもっと強力になりうることを使うのである。

特に、地震・津波など広範囲に甚大な災害が発生する場合には、人に頼らず「自分の身は自分で守る」生き方を徹底してもらうことが目標になる。ここでは相手が「そう動けるようになりたい」と思うようになることが大切である。たとえば、近い将来に大地震が起きると言われても、自分だけは関係ないと思い込む人が少なからずいる。実際、津波が来襲した際にも直ちに避難せず亡くなった方が大勢いた。

こうした状況を変えるには、「津波は怖い」という脅しの文句だけでは人は動かない。人々の腰が自然に動くような、もっと明るいイメージが必要なのだ。

たとえば、「楽しいイメージ」「人と力を合わせる」「人生にプラスになる」「今までできなかったことが今度はできる」「しなやかな生き方」等が、人間が自発的に動くためには必須である。こうして初めて、人は面倒なこと、辛いこと、苦しいこと、お金がかかることを乗り越えて行動できるようになるのだ。

そして、いったん楽しいイメージが潜在意識に定着すれば、それまでできなかったことも可能になる。たとえば、地震に備えてペットボトルの水を自宅に備蓄するために、またそのことを知人に勧めるように、腰が動くようになる。

作家の曽野綾子氏(一九三一―)は東日本大震災時にも、前もって自宅にペットボトルを十分用意していたおかげで買いに走る必要はなかった、と語っている(「家庭画報」二〇一二年一月号)。彼女は巨大災害の後にどうなるかを事前に、かつ具体的にイメージしていた。こうしたすぐれた「想像力」が減災を可能にする知性の基盤にあることを、野口の著作は教えてくれる。

「率先避難者」による減災

東日本大震災で犠牲になった二万人近い人々の約九割は、津波によるものだった。かつて、東北の三陸海岸では、「津波てんでんこ」という伝承があった。大津波が襲ってきたら、他人のことは構わずに「てんでんバラバラに」逃げるように、という教えである。一見、非情なようだが、人を救おうとして自分も溺れてしまう最悪の事態を避ける知恵である。

東日本大震災以後「率先避難者」という言葉が防災のキーワードとなった。これは身近に危険の兆しが迫っている際に、自ら率先して危険を避ける行動を起こす人のことを言う。

たとえば、海岸で大きな地震を経験したら、その直後に津波が襲来する危険をイメージする。そして自らが「今から津波が来るぞ！」と叫びながら逃げ始めるのだ。すなわち、率先避難者となることで自分の安全を守り、同時に周りの人々を助けることが可能になる。

津波の危険を察知した人が、自分に付いてくる人だけを引き連れて避難する行動だが、この方が結果的にはより多くの人を救うことができる。津波が来たら、「私と一緒に逃げた人だけ助かる！」と周囲に叫びながら、さっさと高台へ駆け上がってもらう。

これは、聞く耳を持たない人を説得している間に、自分も津波に巻き込まれて犠牲者となることを防ぐ方法だ。東日本大震災では消防団員の犠牲者が多かったことを教訓として、消防団員こそ率先避難者たれ、という考えが生まれた。

実際、率先避難者による成功例もあった。岩手県釜石市で地震発災時に市内一四の小中学校の校内にいた生徒約三〇〇〇人が率先して高台に向かって逃げ、全員が津波から逃げ切った。特に、率先避難者の考えを学んでいた中学生が小学生を助け、大人たちの避難も促したのである。

防災でやっかいなのは、危険が迫っても「自分だけは安全」と思う心の壁である。「正常性バイアス」とも言われる心理現象だが、率先避難者は「誰かが逃げ始めれば他の人も一緒に逃げ出す」という人間の心理研究から生まれた考え方であり、内閣府と自治体が直ちに採用した。

本当は、危険が迫ったときに逃げるのは決して恥ずかしくないし卑怯(ひきょう)でもない。知識のある人が逃げる姿は、それを見ている他人にとって生き延びるための最高の情報となる。誰かが逃げ出すことで周りにいる不特定多数にも危険であることが伝わる。「釣られて逃げる行動」が避難の引き金になるからだ。「命を守る」には決心がいるのである。

被害の八割は減らせる

四〇〇年ほど前に英国の哲学者フランシス・ベーコンは「知識は力なり」と説いたが、率先避難者は西日本大震災を軽減する際にも強力な知識となる。先にも述べたように、事前の防災対策と教育によって、被害の八割は減らせると我々専門家は試算している。

たとえば、大津波が速い場合には数分ほどで襲うと予想される三重県尾鷲(おわせ)市では、「津波は逃げるが勝ち。揺れてから五分で逃げれば被災者ゼロ」という標語が掲げられている。

津波は海岸を速い速度で駆け上がるので、遠くへ逃げようと思っても追いつかれてしまう。基本的には近くの高台へ駆け上がることが第一だが、一〇メートルの津波が襲う地域では、高さ一五メートル（五階建て）以上の鉄筋の建物の上層階へ上がることも有効だ。

具体的には、和歌山県や高知県などの太平洋沿岸で津波が襲う可能性のある地域には、「津波タワー」と呼ばれる避難のための建造物が設置されている。ここでも自分が率先避難者となって、周りの人に声をかけながら上がってしまうことがきわめて大切である。こうした個々の知識の積み重ねが、第2章で述べた総計六〇〇〇万人と想定される被災者を一人でも減らすこと（減災）につながるのではないか、と私は信じている。

おわりに――「大地変動の時代」にこそ地球の知識

「情熱大陸」というTBSテレビ系の全国ネット番組がある。ちょっと変わったことに情熱を傾ける人を追うのだが、私も二〇一五年一一月に出させていただいた。

そのなかで、私が京大生に説教している場面が映し出された。激烈な入試を突破した彼らは、しかし、受験科目以外のことはほとんど何も知らない。たとえば、「近頃こんなに地震が多いのはなぜか？」という質問に答えられないのだ。

実は、ここには深いワケがある。現在、高校生の大部分は「地学」を学んでいない。かつての高校理科では、物理・化学・生物・地学が全生徒の必修科目だった。よって、地震や噴火や気象災害に関する最低限の知識は、誰もが持っていた。

ところが、大学入試の受験科目から地学が外されてから、地学を開講しない高校が次第に増えてきた。その結果、地学のリテラシー（読み書き能力）は中学生のレベルで止まったまま、という日本人が激増してしまったのだ。よって私は京大生に毎年、「地学的には君たちは義務教育を終えただけの中卒だから、高校からやり直してほしい」と宣言する。

最近の日本では地震や噴火が異常と思われるほど多いことに、みな不安を抱いている。その一方で、これが二〇一一年に起きた東日本大震災（いわゆる「3・11」）と関係があることを知る人は少ない。

本文で述べたように、現在の地震と噴火の頻発は、「3・11」によって地盤に加えられた歪(ひず)みを解消しようとしているのだ。もはや日本列島は一〇〇〇年ぶりの「大地変動の時代」が始まってしまい、今後の数十年は地震と噴火が止むことはないだろうというのが、我々専門家の見方なのである。

これに加えて、近い将来には日本の人口の約半数を巻き込む激甚災害が控えている。首都直下地震、南海トラフ巨大地震、富士山をはじめとする活火山の噴火、などの自然災害が、いつ始まっても不思議ではないのだ。こうした大事なことを高校で学ぶ機会が消滅してしまったことは、国民的損失と言っても過言ではない。

では、どうするか？　私の回答は「いまからでも決して遅くない」である。一四五年前の明治初期、福澤諭吉(一八三五―一九〇一)は『学問のすゝめ』を刊行した。欧米の近代的思想を身につけ自覚ある市民として意識改革することを説いた名著だが、文章は平易にして情熱に満ちており、全国民の一〇人に一人が買ったという。

私の気持ちも福澤とまったく同じである。本書は地震と噴火が続く日本で我々が生き延びるための入門書だ。最終章でも紹介したフランシス・ベーコンの「知識は力なり」というフレーズは、まさに現代日本に当てはまる。二〇年後に迫った「西日本大震災」から、「知識」の力で一人でも多くの命を救いたいのである。

もう一つ、本書の意図は「面白くてタメになる」だ。そのため理科が苦手な文系読者が苦手な数式や化学式は一切使っていない。実は、タメにはなっても面白く読めない理工書が多いのだが、そもそも学校にユーウツな想い出しかないのは、確かにタメにはなるかもしれないが全然面白くなかったからとも言えよう。

ここを打破しようと、私は教室で真っ赤な革ジャンを着てマグマを語り、横書きの学術論文から縦書きの新書へと発信メディアを変えた。

通例、大学の理系科目は数式が並んだ横書きの分厚い教科書を使うのが定番だが、それでは初学者の興味をつなぐことは難しい。よって私は、あえて新書を講義の教科書に選んだのだ。たとえば、『火山噴火』（岩波新書）、『地球は火山がつくった』（岩波ジュニア新書）、『地球の歴史』（中公新書）、『京大人気講義　生き抜くための地震学』（ちくま新書）、『富士山噴火』（講談社ブルーバックス）などは、教養科目「地球科学入門」で使っているテキストである。

結果は上々で、閑古鳥（かんこどり）が鳴いていた講義は立ち見が出るまでになった。そして自称「科学の伝道師」――京大で教えるようになって今年で二〇年になるが「ヘンな教授」で押し通してきたこれまでの記録が、先の「情熱大陸」だった。

とはいえ、私は何も使命感に燃えているだけの地球科学者ではない。そもそも私が地学に惹（ひ）かれたのは、二五歳の駆け出し研究者のころ、地球の美しさに心底、感動したからだ。広々とした九州の火山で、風を感じ、土の匂いを嗅（か）ぎ、大地を直接肌で受けとめながら山をひたすら歩いた。

五感のすべてを使いながら地球の成り立ちに考えをめぐらすことには、何にも代え難い心地よさがあった。地球科学を一生続けていきたいと思った瞬間だ。実は、地球科学は本書に解説した災害の面だけではなく、自然の美しさと恵みを解き明かす素敵な学問でもある。

地球科学には人類が三〇〇〇年もかけて築き上げてきた、「実学」と「教養」という二つの面がある。しかし、現在の日本が直面する喫緊の課題を、地球科学の知識を用いて解決しなければならないことも確かだ。雑誌「科学」に連載したエッセイのサブタイトル「大地の動き・人の知恵」には、そうした意図が込められている。

地球科学が提案したいもうひとつの視座は「長尺（ちょうじゃく）の目」である。というのは、一〇〇年や一〇〇〇年などの時間軸で見ることが、生き方や文化を変えることにつながるからである。本文でも注意を促した南海トラフ巨大地震は約一〇〇年に一回の頻度で起きてきた。また、東日本大震災を起こした巨大地震は約一〇〇〇年に一度であった。このように日常生活では考えもしない時間軸で動く日本列島に、我々は住んでいる。

こうした事実に目を背けることなく、一〇〇年や一〇〇〇年のスケールで事実を注視しじっくり考える「文化」を創出しなければならない。こうして初めて我々は世界屈指の地殻変動帯上の生活を持続できる。

実は、日本人はこうした「長尺の目」を持って生き抜くのが本当は得意なのではないかとも考えている。巨大噴火の歴史を見ると日本列島の大部分が火山灰で覆われた時期が何度もある。一〇〇〇年に一度の大地震だけでなく、一万年に一回の巨大噴火でさえいつ起きても不思議ではない。こうした変動帯に暮らしているにもかかわらず、我々の祖先は死に絶えることなく現在まで命を継続してきた。いわば、巨大地震と巨大噴火の中で生き抜くＤＮＡを持っているとも言えよう。

よって、あまりうろたえることなく「長尺の目」と科学の力によって千年・万年の時間単位で起きる地球イベントを上手にかわそうというのが、日本列島を長年見つづけてきた私からのメッセージである。

「大地変動の時代」に突入した日本で、しかしこよなく美しい自然に囲まれた日本で、これからも生きていこうと決心した読者に向けて、謹んで本書を捧げたい。

最後になりましたが、企画の立案から章立て、さらに文章の彫琢（ちょうたく）まで様々な面で大変お世話になりました岩波書店自然科学書編集部の松永真弓さんに心から感謝申し上げます。

二〇一七年一〇月　二〇年目の京都大学研究室にて

鎌田浩毅

鎌田浩毅

1955年生まれ．東京大学理学部卒業．通産省を経て1997年より京都大学大学院人間・環境学研究科教授．理学博士．専門は火山学・地球科学・科学教育．テレビ・雑誌・新聞で科学を明快に解説する「科学の伝道師」．京大の講義は毎年数百人を集める人気で教養科目1位の評価．著書に『火山噴火』(岩波新書)，『地球は火山がつくった』(岩波ジュニア新書)，『火山と地震の国に暮らす』(岩波書店)，『地球の歴史(上・中・下)』(中公新書)，『富士山噴火』『地学ノススメ』(ともに講談社ブルーバックス)，『一生モノの超・自己啓発』(朝日新聞出版)，『座右の古典』(東洋経済新報社)，『世界がわかる理系の名著』(文春新書)など．

ホームページ：
http://www.gaia.h.kyoto-u.ac.jp/~kamata/

岩波 科学ライブラリー 266
日本の地下で何が起きているのか

2017年10月18日 第1刷発行
2018年11月5日 第4刷発行

著　者　鎌田浩毅（かまたひろき）

発行者　岡本 厚

発行所　株式会社 岩波書店
〒101-8002 東京都千代田区一ツ橋2-5-5
電話案内 03-5210-4000
http://www.iwanami.co.jp/

印刷・理想社　カバー・半七印刷　製本・中永製本

ISBN 978-4-00-029666-3　　Printed in Japan

●岩波科学ライブラリー〈既刊書〉

269 **岩石はどうしてできたか**
諏訪兼位
本体一四〇〇円

泥臭いと言われつつ岩石にのめり込んで70年の著者とともにたどる岩石学の歴史。岩石の源は水かマグマか、この論争から出発し、やがて地球史や生物進化の解明に大きな役割を果たし、月の探査に活躍するまでを描く。

270 **広辞苑を3倍楽しむ その2**
岩波書店編集部編
カラー版 本体一五〇〇円

各界で活躍する著者たちが広辞苑から選んだ言葉を話のタネに、科学にまつわるエッセイと美しい写真で描きだすサイエンス・ワールド。第七版で新しく加わった旬な言葉についての書下ろしも加えて、厳選の50連発。

271 **サンプリングって何だろう**
統計を使って全体を知る方法
廣瀬雅代、稲垣佑典、深谷肇一
本体一二〇〇円

ビッグデータといえども、扱うデータはあくまでも全体の一部だ。その一部のデータからなぜ全体がわかるのか。データの偏りは避けられるのか。統計学のキホンの「キ」であるサンプリングについて徹底的にわかりやすく解説する。

272 **学ぶ脳**
ぼんやりにこそ意味がある
虫明 元
本体一二〇〇円

ぼんやりしている時に脳はなぜ活発に活動するのか？ 脳ではいくつものネットワークが状況に応じて切り替わりながら活動している。ぼんやりしている時、ネットワークが再構成され、ひらめきが生まれる。脳の流儀で学べ！

273 **無限**
イアン・スチュアート 訳 川辺治之
本体一五〇〇円

取り扱いを誤ると、とんでもないパラドックスに陥ってしまう無限を、数学者はどう扱うのか。正しそうでもあり間違ってもいそうな9つの例を考えながら、算数レベルから解析学・幾何学・集合論まで、無限の本質に迫る。

定価は表示価格に消費税が加算されます。二〇一八年一〇月現在